图解果树栽培与整形修剪入门

日本靓丽社　编著　　王丹霞　译

机械工业出版社
CHINA MACHINE PRESS

目 录

本书使用方法

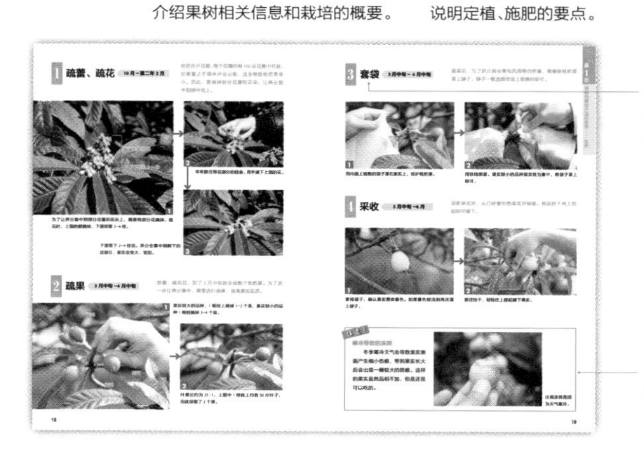

操作的顺序
标记管理操作的顺序，分别说明各自的方法及要点。

注意
列出对该操作有用的信息。

第1章 果树的栽培方法和修剪

不同的果树有着各自的特质，其栽培方法也不一。掌握了果树栽培方法的要点，就可以开始进行果树栽培了！

青梅

龙脑香科青梅属

要点

- 如果不是用于观赏而是为了利用果实，则应选择适合结果的品种。
- 通过每年修剪来保持植物的活力。
- 为了方便果树授粉，可以选择栽培在花期相近的其他品种的果树旁边。

资料

难度▶中等　高度▶3米左右

树形▶自然开心形

性质▶落叶高木

是否需要授粉树▶需要（根据品种而定）

耐寒气温▶−15℃　土壤pH▶5.5~6.5

花芽位置▶短枝顶端

■特征

青梅原产于中国，在古代传至日本，分为用于观赏的“花梅”和用于结果的“果梅”。如果栽培目的是为了采收果实，建议选择果梅品种。

一般情况下青梅树都需要其他树帮助授粉，可以选择花期相近的品种作为授粉树。也有一些品种不需要其他树帮助授粉就能结果。

青梅树会不断长出枝条，因此每年要进行修剪，以保持良好状态。与其他果树相比，青梅树花期较早，注意不要错过修剪的最佳时间。

■栽培月历

1月	2月	3月	4月	5月	6月	7月	8月	9月	10月	11月	12月
			定植								
人工授粉				疏果							
						疏枝					
						采收					
	修剪										
		施肥									

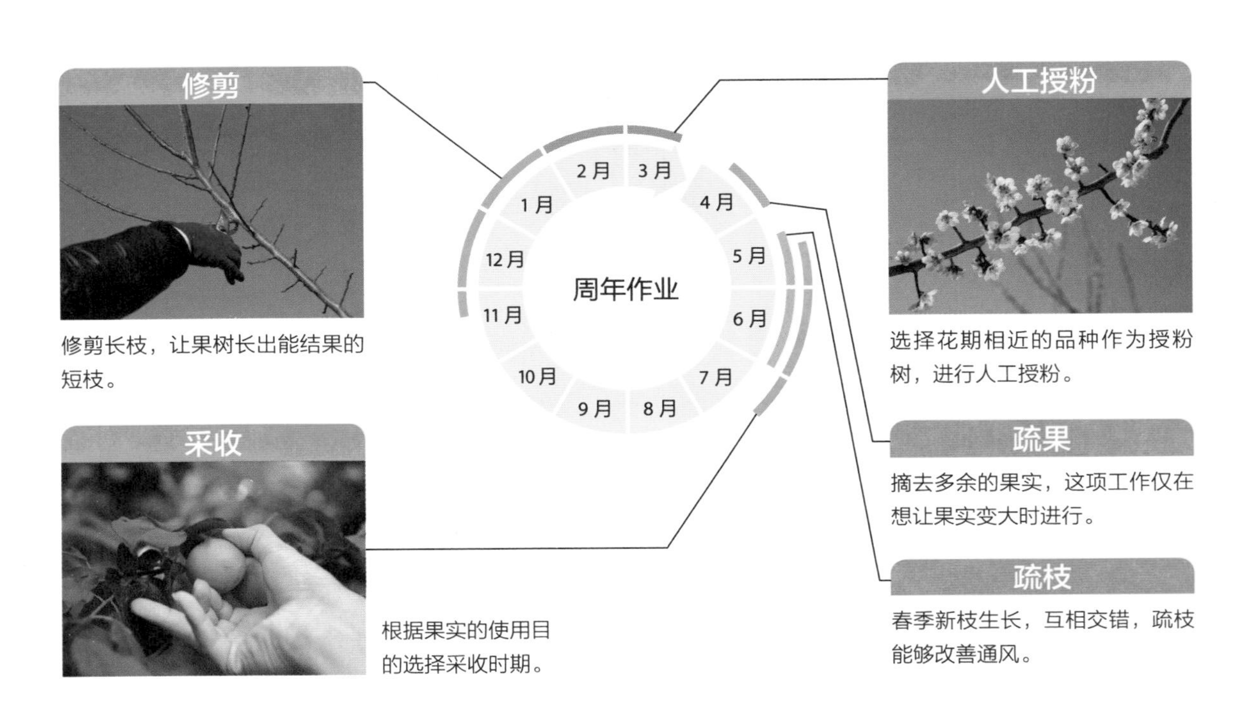

修剪长枝，让果树长出能结果的短枝。

选择花期相近的品种作为授粉树，进行人工授粉。

摘去多余的果实，这项工作仅在想让果实变大时进行。

春季新枝生长，互相交错，疏枝能够改善通风。

根据果实的使用目的选择采收时期。

定植……11~12 月、2 月中旬 ~3 月中旬

定植要点

定植前先挖 1 个深度和直径约 50 厘米的坑，在挖上来的土里混入腐殖土。苗木不用埋得太深。选择秋季栽培，果树比较容易定植。用于授粉的树可以栽培在距离苗木约 3 米以外的地方。

整形修剪成自然开心形树形

在苗木长到 1 米左右时，可以培养 2~3 根主枝。果树高度控制在 3 米以内比较容易操作。

施肥……4 月、6 月、11 月

施肥要点

冠幅直径 1 米以内的果树，可以在 11 月施 150 克猪油渣、4 月施 45 克化肥、6 月施 30 克化肥。

肥料应均匀地施在枝叶延伸范围内。在 4 月和 6 月根据枝叶的状态调整肥料用量。

◉ 推荐品种

品种名称	开花期						采收时期						特征
	2月			3月			5月			6月			
南高			■	■						■	■		果实重约25克，是果梅的代表性品种。适合用来制作梅干，经常被阳光照到的一面会变红
白加贺				■	■					■	■		果实重约30克，花粉较少，不适合用于授粉。适合制作梅酒和梅汁
丰后					■	■					■	■	果实重约40克，是杏和梅的杂交品种。适合制作梅酒和梅汁
龙峡小梅	■	■						■	■				果实较小，重约8克。开花期和采收时期较早，不需要其他树帮助授粉
甲州最小	■	■						■	■				果实重约8克，为小梅品种。开花期和采收时期较早，不需要其他树帮助授粉

1 人工授粉 2月~3月中旬

授粉是由昆虫来进行的，一般不需要人工授粉。但是，如果出现每年结果不理想的情况，则要考虑通过人工授粉来确保结果。

开花后，选取雄蕊顶端由黄色变成较暗颜色的花朵，摘下来，将其擦拭在其他品种的青梅树的花朵上。摘下的花朵去掉花瓣会更容易授粉。

2 疏果 4月中旬~4月下旬

这项操作可以选择性进行，如果想让果实长得大些，可以进行疏果，摘掉一些有伤痕的果实或是小果。

选择果形不好的或者小果，保证每根枝条上的果实之间相隔 5 厘米。

用指肚捏住果实，注意不要伤到其他果实。

3

如左图所示，长度小于 5 厘米的枝条上只留 1 个果，长度为 20 厘米的枝条上可以保留 4 个果。

3 疏枝 5月中旬～6月

青梅容易长枝条，因此可以在初夏进行疏枝。疏枝能够改善树内通风，使果枝能够受到良好的日照，从而抑制虫害的发生。

1 如果看到枝叶比较繁密的部位，可以选取当年新长的枝条，将其从基部剪去。

2 剪到剩下的枝叶之间不会相互碰触即可，这样可以改善通风。枝条得到充分生长，第二年会更容易开花。

4 采收 5月中旬～7月中旬

到了采收季节，根据使用目的进行采收。如果是用于制作梅酒和梅汁，则在果实还是绿色时采收；如果要制作梅干，则等到果实变黄后再采收。

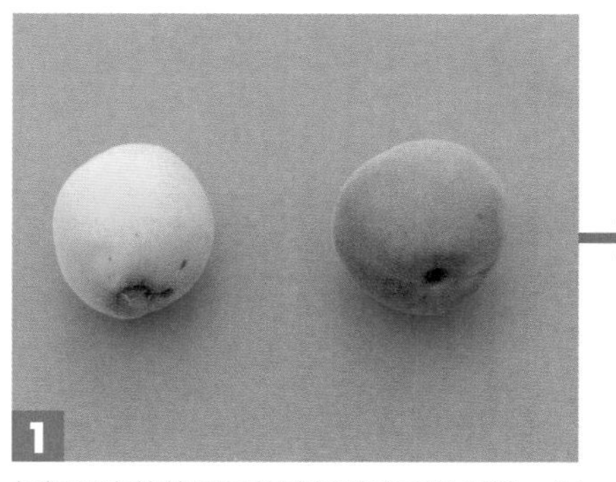

1 根据果实的使用目的选择果实采收时期。如上图所示，黄色的果实用来制作梅干，绿色的果实则用来制作梅酒或梅汁。

2 采收时，用指肚捏住果实，向上提起便摘下来。

5 修剪 11 月下旬～第二年 1 月

短枝易结果，为了让青梅树长出短枝，修剪青梅树时，应先修剪枝条顶端再将其剪短。因为果实会遍布短枝，所以除非是短枝较为密集，否则不要将其剪掉。

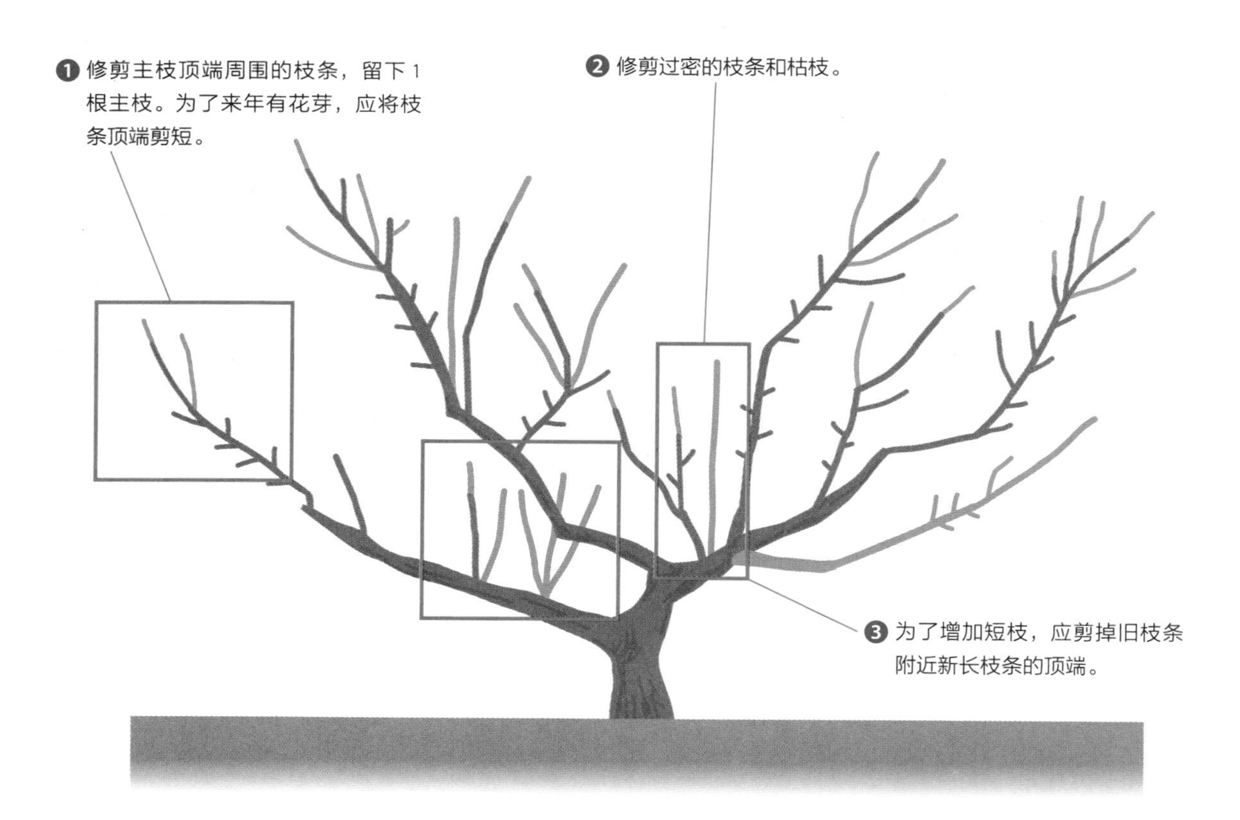

➔修剪步骤

❶ 修整顶端附近的枝条

主枝等的顶端会分出多根枝条，只留下会对树形起决定作用的一根，其余的从其基部剪去。为了让青梅树日后长出易结果的枝条，应将枝条从顶端剪短。

❷ 剪去不要的枝条

剪掉枯枝、弱枝及过密的枝条，改善通风和日照。

❸ 准备更新用的枝条

枝条老化后，枝条基部附近的枝条会枯萎，不利于结果。为此，应把粗枝干处新长出的长枝剪短（剪去 1/5~1/4），将其作为更新用的枝条。

结果位置

长在短枝上的花芽较容易结果。除了有花芽，还有叶芽，不需要对长叶芽的枝条进行特别处理。一般来说，短枝都要保留，并好好养护。

1 修整顶端附近的枝条

1 在枝条延长线上，只保留 1 根枝条，作为决定树形的顶端枝条。

2 在分叉部位，决定好要留下的枝条后，将其他的从基部剪去。

3 留下的枝条，将其顶端剪掉 1/4。注意不要剪得太短，不然只会徒长长枝。

2 剪去不要的枝条

1 剪去过密的枝条。边考虑间距边挑选不要的枝条。

2 用剪刀从基部剪去不要的枝条。

3 通过疏枝，可以改善通风和日照。

3 准备更新用的枝条

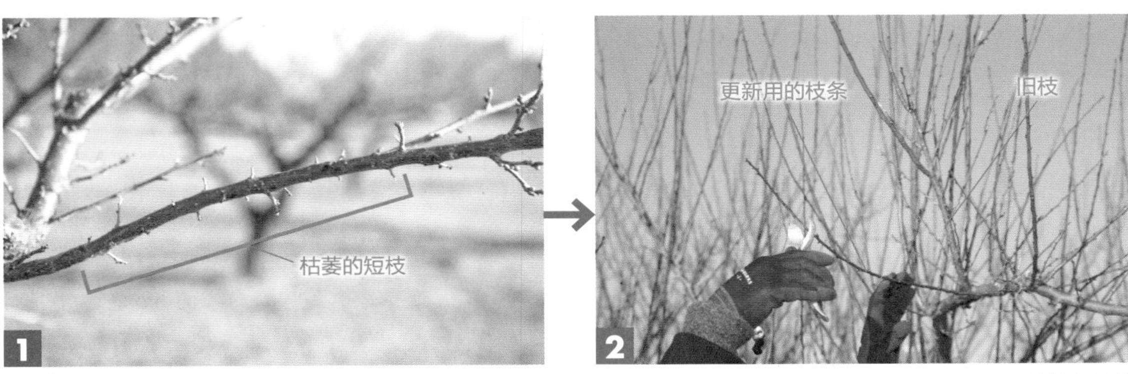

1 如果旧枝基部附近的短枝枯萎，应挑选一两根旧枝附近新长的枝条，将其作为更新用的枝条。

2 将更新用的枝条顶端剪掉 1/5~1/4，其他不要的枝条从其基部剪去。

樱桃

蔷薇科樱属

要点

- 果实怕水，沾到雨水可能会破裂。
- 树形为开心自然形或变则主干形。
- 栽培与樱桃亲和的授粉树，有助于结果。

资料

难度▶高
高度▶ 3 米左右
树形▶变则主干形
性质▶落叶高木
是否需要授粉树▶需要
耐寒气温▶ −15℃
土壤 pH ▶ 5.0~6.0
花芽位置▶遍布枝条

■特征

日本主要栽培甜度较高的樱桃品种。在众多果树中，樱桃栽培难度较高，家庭栽培需要注意的问题也较多。几乎所有的樱桃品种都需要授粉树，因此应挑选亲和的品种（请参考第 12 页）。花芽虽然遍布枝条，但是叶芽并不是。需要培育从叶芽处长出的 3 厘米左右的短枝来结果。另外，樱桃的枝条容易纵向延伸，因此在幼树时期建议用绳子使枝条保持水平。

■栽培月历

1月	2月	3月	4月	5月	6月	7月	8月	9月	10月	11月	12月
			定植								
		人工授粉									
					摘心						
							采收				
			修剪								
				施肥							

周年作业

1月 2月 3月 4月 5月 6月 7月 8月 9月 10月 11月 12月

修剪

樱桃树容易长成大树，因此需要控制其高度并多长些短枝。

人工授粉

如果结果情况较差，则要进行人工授粉。

采收

从已变色的果实开始采收。

摘心

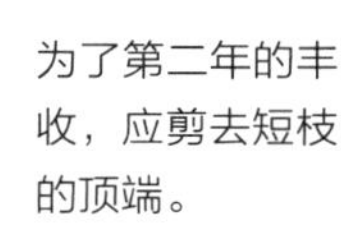

为了第二年的丰收，应剪去短枝的顶端。

定植……11月中旬~12月、2月中旬~3月中旬

定植要点

定植前先挖1个深度和直径约50厘米的坑，在挖上来的土里混入腐殖土。樱桃喜阴凉，建议尽量将其栽培在阴凉处。

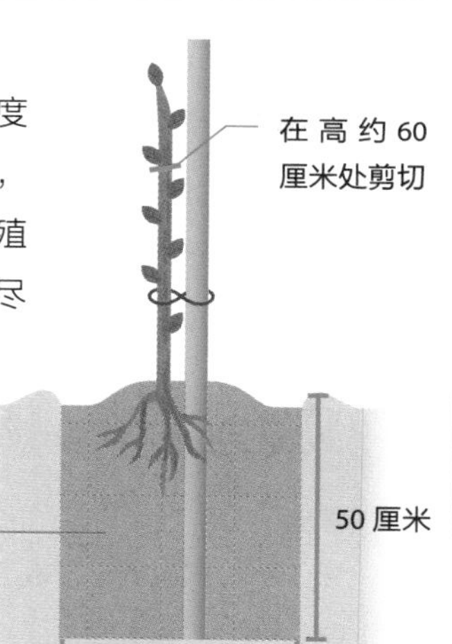

整形修剪成变则主干形树形

选择4~6年生的苗木，修剪中心的枝条使其高度控制在3米以内。培育多根主枝，出现枝条朝上方延伸时用绳子使其保持水平方向。

施肥……4月、7月、11月

施肥要点

冠幅直径1米以内的果树，在11月施130克猪油渣、4月施40克化肥、7月施30克化肥。

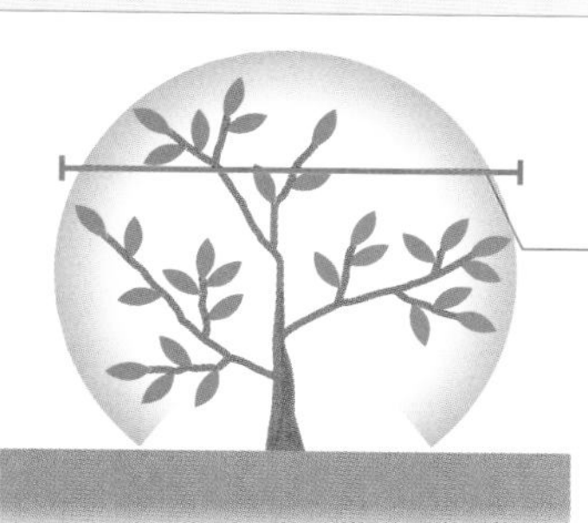

肥料应均匀地施在枝叶延伸范围内。在4月和7月根据枝叶的状态调整肥料用量。

◉推荐品种

品种名称	采收时期			特征
	5月	6月	7月	
暖地樱桃	下旬	上旬		果实重约4克。该品种不需要授粉树，耐雨水，是众多樱桃品种中较易培育的品种
佐藤锦		中旬~下旬		果实重约6克，是栽培樱桃的必栽品种。果实大小合适，味道可口，但过熟时风味会变差
红真珠		中旬~下旬		果实重约8克。该品种不需要授粉树。幼树时期枝条容易延伸，建议用绳子引导枝条保持水平
红秀峰		下旬	上旬	果实重约9克。风味佳，近年来备受欢迎。佐藤锦也可作为授粉树
那翁		下旬	上旬	果实重约7克。在日本明治时期引入，果皮较硬，适合用于加工
月山锦			上旬~中旬	果实重约10克，比其他品种大。果皮为浅黄色，适合作为红秀峰等的授粉树

1 人工授粉 4月中旬～5月上旬

一般不需要人工授粉，如果结果情况较差或是想要确保授粉，则可以进行人工授粉。建议先确认下方表格，提前栽培授粉树。

开花后，选取雄蕊顶端由黄色变成较暗颜色的花朵。

将摘下花朵的雄蕊擦拭在想要进行授粉的品种的雌蕊上。进行人工授粉后，再反过来对授粉树进行人工授粉。

花较多的时候可以使用画笔

如果需要授粉的花朵较多，可以使用画笔将花粉收集到杯子里，再用画笔蘸取花粉涂抹在要授粉的一方。

注意！

亲和的授粉树组合

授粉树因为各自品种遗传特性不同，如果不亲和会不易授粉。右表中，○表示开花期和遗传特性相符的组合，×表示花期离得远或者遗传特性不相符的品种。暖地樱桃因为与其他品种的开花期相差较远，所以不适合作为授粉树。

雌蕊＼雄蕊	暖地樱桃	佐藤锦	红真珠	红秀峰	那翁	月山锦
暖地樱桃	○	—	—	—	—	—
佐藤锦	—	×	○	○	○	×
红真珠	—	○	○	○	○	○
红秀峰	—	○	○	×	○	○
那翁	—	○	○	○	×	○
月山锦	—	×	○	○	○	×

2 摘心 5月

摘心能够抑制枝条的延伸，还可以让枝条再生更多枝条，有利于第二年的结果。另外，还能够改善通风，保持果树健康。

对朝上生长的枝条进行摘心，有利于长出更多枝条。

剪去顶端，留下 3~5 片叶子。

摘心后，叶子基部会长出茶色的芽。

3 采收 5月下旬～7月中旬

摘果实时从已经着色的果实开始，用手轻轻摘下。采收后，果实容易有伤痕，应尽早食用。

从已经着色的果实开始摘。碰到雨水的果实有可能会有裂痕，可以在坐果后用袋子罩住。

摘取时，用手指掐住樱桃的果柄，向上提便可摘下。

4 修剪 2月~3月中旬

樱桃树成长速度快，因此需要在果树较小时控制好枝叶的延伸范围。樱桃是在短枝上结果，注意不要把所有的短枝都剪短。

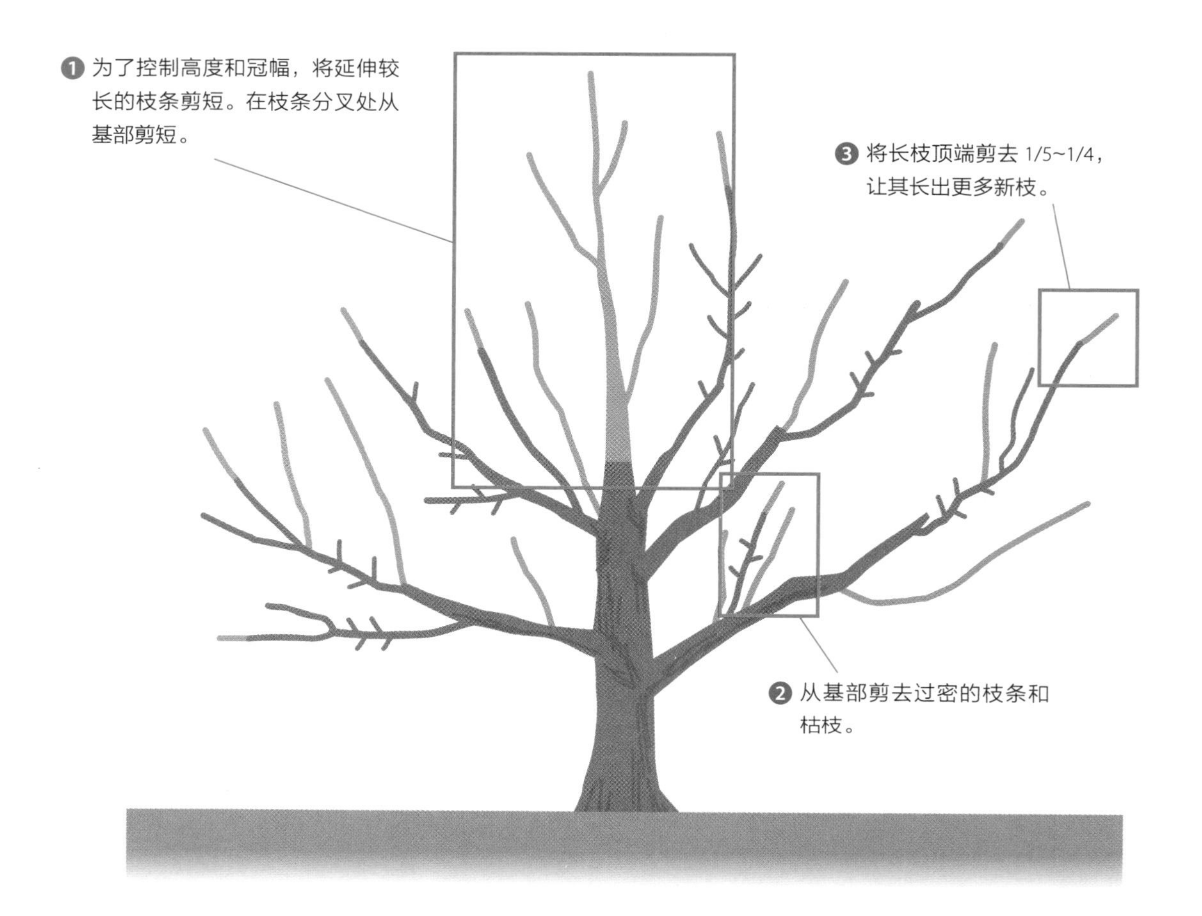

→ 修剪步骤

❶ 控制果树高度和冠幅

为了控制果树高度和冠幅，在枝条分叉处从基部剪短。剪短部分控制在 50 厘米以内，如果枝条较长，则需要每年剪去 50 厘米来控制高度。

❷ 去除不要的枝条

剪去长势好且长得较长的枝条、枯枝、弱枝、过密枝条来改善通风和日照。整理破坏树形的枝条，在这个阶段可以逐渐固定树形。

❸ 剪掉长枝顶端，使枝条横向发展

枝条容易向上延伸，建议使用绳子使枝条横向发展。为了使长枝能够长出多根短枝，可以将长枝顶端剪去 1/5~1/4。

结果位置

花芽和叶芽一起长在短枝顶端，称为花束状短果枝。长枝上也会有花芽，但是多数情况下不会结果。

1 控制果树高度和冠幅

长得很长的枝条，剪去 50 厘米。从枝条分叉的基部剪切，以此来控制冠幅。

2 去除不要的枝条

枝条过密处枝叶繁茂，导致日照和通风变差，果树内侧的枝条也会枯萎。

从基部剪去枯枝或缠绕的枝条等不要的枝条。

剪去多余枝条后，保留原本枝条的 1/2~2/3。日照和通风良好也有利于预防虫害。

3 剪去长枝顶端，使枝条横向发展

对于向上延伸的枝条，应趁幼树时期用绳子使其横向发展。长枝顶端应剪去 1/5~1/4 的长度。

枇杷

蔷薇科枇杷属

要点

- 将枇杷树培育成变则主干形，防止树形过大。
- 摘掉多余的果实，能让枇杷长得更大、更甜。
- 枇杷果不耐寒，容易坏果，在寒冷地区较难栽培。

资料

难度▶中等　　高度▶ 3 米左右

树形▶变则主干形

性质▶落叶高木

是否需要授粉树▶需要

耐寒气温▶ −15℃　土壤 pH ▶ 5.0~6.0

花芽位置▶遍布枝条

■特征

枇杷是果树庭院栽培的首选。作为家庭果树来培育，枇杷果会较小，冬季的寒冷气候是原因之一。枇杷果不耐寒，气温低会出现坏果，栽培时应尽量选择温暖的场所。

另外，要想让枇杷果长得大，需要摘除多余的果实。摘果除了能让枇杷果长得大，甜度也会上升。

枇杷在冬季开花，因此修剪应在 9 月进行。枇杷树容易长成大树，应每年进行适当的修剪。

■栽培月历

1月	2月	3月	4月	5月	6月	7月	8月	9月	10月	11月	12月
		定植									
		疏蕾、疏花									
			疏果、套袋								
						采收					
									修剪		
			施肥								

修剪

为了控制果树高度和冠幅，将果树整体 10%~30% 的枝叶剪掉。

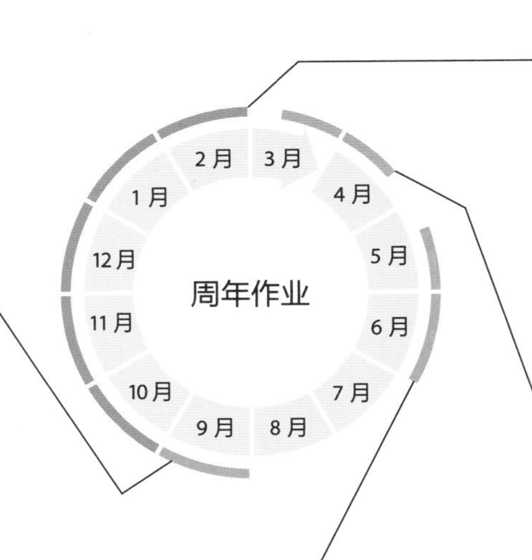

疏蕾、疏花

为了让果实变大，应摘去过密的花蕾和花。

采收

成熟后采收。

疏果、套袋

为了让果实长大，留下约 3 个果，其他的摘掉。

定植……2月中旬~3月中旬

定植要点

定植前先挖1个深度和直径约50厘米的坑，在挖上来的土里混入腐殖土。枇杷树没有太多细根，稍微修剪一下粗根，栽培时稍微将树根铺开。

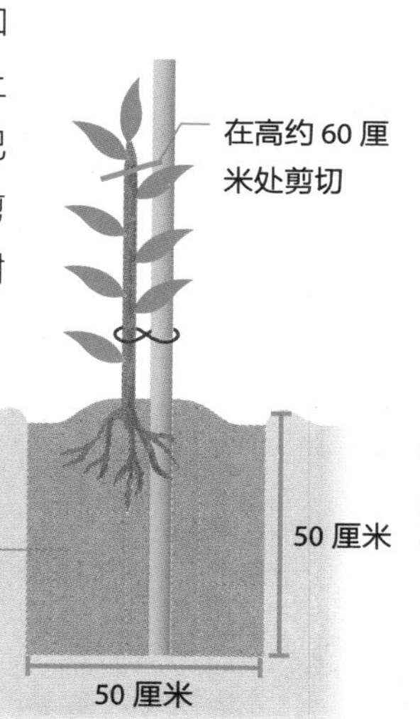

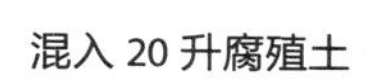

整形修剪成变则主干形树形

选择4~6年生的苗木，修剪中心的枝条使其高度控制在3米以内。枇杷树1根枝条会分成好几枝，可以通过疏枝培育多根主枝。

施肥……3月、6月、9月

施肥要点

冠幅直径1米以内的果树，在9月施150克猪油渣、3月施45克化肥、6月施30克化肥。

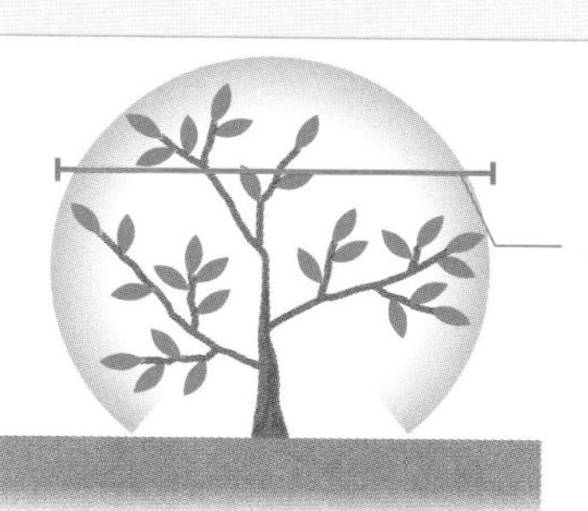

肥料应均匀地施在枝叶延伸范围内。在3月和6月根据枝叶的状态调整肥料用量。

◉ 推荐品种

品种名称	采收时期 5月	采收时期 6月	特　征
长崎早生			果实重约50克。枝条容易向上生长。为早生品种，风味佳。开花期较早，特别不耐寒
茂木			果实重约45克，是枇杷的代表性品种。枝条容易向上生长。果实较小，但较甜
丽月			果实重约50克。枝条容易向上生长。果皮为黄色，较薄，风味佳。与其他品种不同，该品种需要授粉树，可以在其附近栽培茂木或福原等其他品种的枇杷树
福原枇杷			果实重约80克。枝条容易向上生长。果味稍淡，香气佳。市场上也叫长崎皇后
大房			果实重约80克。枝条向外延伸。果实较大，但果味较淡。开花期较晚，相应的果实也较耐寒
田中			果实重约70克。枝条向外延伸。果实较大，水分足。耐寒，与茂木一样，是具有代表性的枇杷品种

1 疏蕾、疏花 10月～第二年2月

枇杷在开花期，每个花穗约有100朵花集中开放，如果置之不理养分会分散，这会导致枇杷果变小。因此，要摘掉部分花蕾和花朵，让养分集中到部分花上。

为了让养分集中到部分花蕾和花朵上，需要将部分花摘掉。疏花时，上面的都摘掉，下面保留2~4枝。

牢牢抓住带花部分的枝条，用手摘下上面的花。

3

下面留下2~4枝花。养分会集中到剩下的这部分，果实会变大、变甜。

2 疏果 3月中旬~4月中旬

疏蕾、疏花后，到了3月中旬就会结数个枇杷果。为了进一步让养分集中，需要进行疏果，提高果实品质。

1 果实较大的品种，1根枝上摘掉1~2个果，果实较小的品种1根枝摘掉3~4个果。

叶果比约为25∶1。上图中1根枝上约有50片叶子，因此保留了2个果。

3 套袋 3月中旬～4月中旬

疏果后，为了防止病虫害和风雨等的伤害，需要给枇杷果罩上袋子。袋子一般选择市面上销售的即可。

1 用市面上销售的袋子罩在果实上，保护枇杷果。

2 用铁线绑紧。果实较小的品种果实较为集中，将袋子罩上即可。

4 采收 5月中旬～6月

采收果实时，从已经着色的果实开始摘。将其枝干向上抓起即可摘下。

1 拿掉袋子，确认果实整体着色。如果着色较浅则再次罩上袋子。

2 抓住枝干，轻轻往上提起摘下果实。

注意！

寒冷导致的冻斑

冬季寒冷天气会导致果实表面产生细小伤痕，等到果实长大后会出现一圈较大的斑痕。这样的果实虽然品相不加，但是还是可以吃的。

出现冻斑是因为天气寒冷。

5 修剪 9月

枇杷树成长速度快，需要在幼树时期就控制好冠幅。另外，果实是长在枝条顶端的，所以不要把所有枝条都剪短。

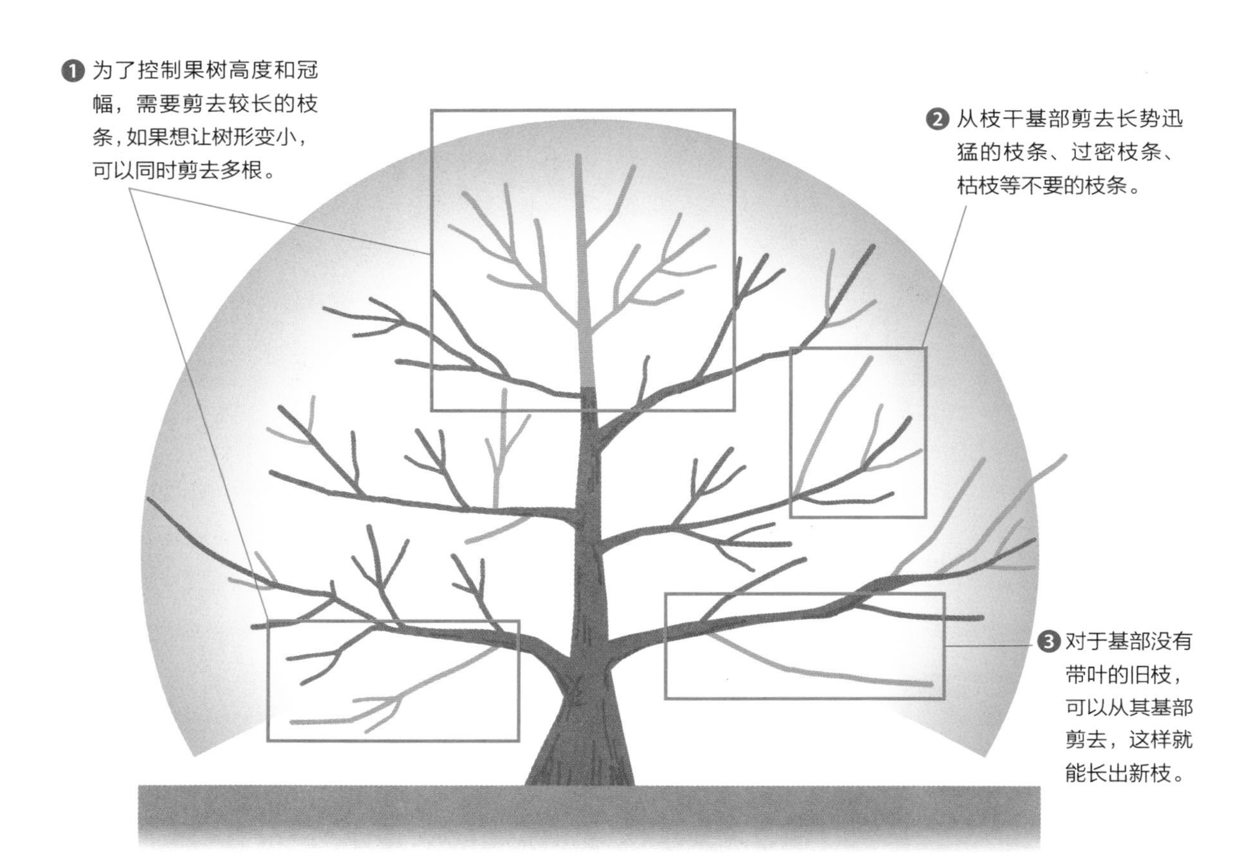

➜修剪步骤

❶ 控制高度和冠幅

为了控制果树高度和冠幅，在枝条分叉处将分叉部分剪去。如果不在基部而是在枝条中间剪切，剩下的部分可能会枯萎。

❷ 疏枝，去除不要的部分

修剪长势迅猛的枝条、枯枝、弱枝、过密枝条等不要的枝条，可以改善果树的通风和日照。整理破坏树形的枝条，在这个阶段可以逐渐固定树形。

❸ 剪去旧枝

叶子容易长在枝条顶端，时间久了，旧枝基部的叶子便会减少。如果旧枝附近有新枝，可以从基部将旧枝剪去，更换新枝。如果没有新枝，可以将旧枝剪去 20 厘米左右。

结果位置

花芽长在枝条顶端，修剪时无法区分花芽和叶芽，因此需要保留较粗、较短的枝条，不要剪短。

1 控制高度和冠幅

1 枇杷树成长速度快，需要每年进行修剪，控制枝叶延伸。

2 从枝条分叉位置的基部剪切。

2 疏枝，去除不要的部分

1 枇杷树容易出现多根枝条集聚在一处的情况，枝条密集会导致日照和通风变差。

2 每个地方保留 2~3 根枝条，其他的从基部剪切。

3 有空隙后日照和通风便会变好。把枯枝等不需要的枝条剪掉。

3 剪去旧枝

1 将只有顶端带叶、基部不带叶的旧枝更替成新枝。

2 从基部将旧枝剪掉。如果出现枝条分叉，则从分叉部位的基部将旧枝剪掉。

3 当果树再次长出新枝时，则用新枝替换旧枝。

桃

蔷薇科桃属

要点

- 疏果可让果实变大、变甜。
- 花粉较少的品种需要栽培授粉树。
- 套袋可以防止虫害。

资料

难度▶高

高度▶ 2.5 米左右

树形▶自然开心形

性质▶落叶高木

是否需要授粉树▶不需要（有些品种需要）

耐寒气温▶ −15℃

土壤 pH ▶ 5.5~6.0

花芽位置▶遍布枝条

■栽培月历

1月	2月	3月	4月	5月	6月	7月	8月	9月	10月	11月	12月
	■	■	定植							■	■
	人工授粉	■	■	■	疏果、套袋						
				■	摘心						
					■	■	■	■	采收		
	■	修剪									■
	施肥	■		■				■			

■特征

市面上销售的桃为了避免碰伤，一般会较早采收。庭院栽培则可以让我们尝到完全成熟的桃的风味。

桃容易遭虫害，因此比起其他果树，桃树的栽培难度较高。特别是雨水打到果实表面也会导致病害，因此需要给桃罩上袋子，保护果实。另外，还可以栽培油桃。油桃果实较硬，果实表面没有毛。

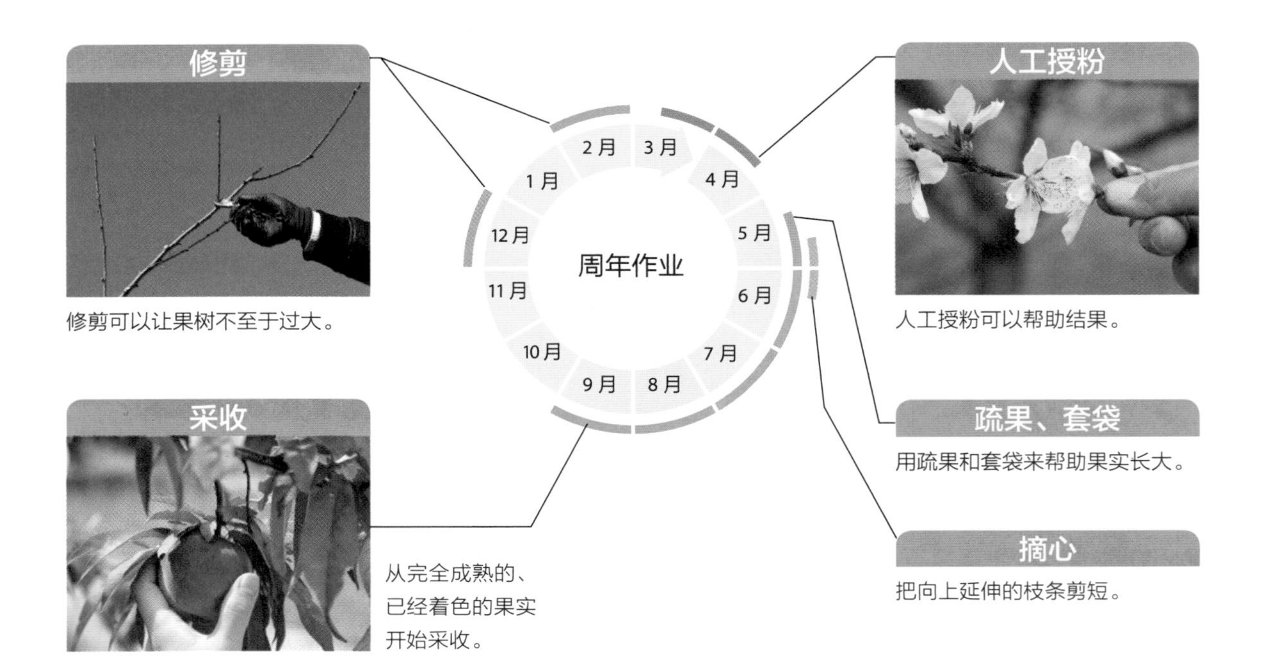

修剪可以让果树不至于过大。

人工授粉可以帮助结果。

用疏果和套袋来帮助果实长大。

把向上延伸的枝条剪短。

从完全成熟的、已经着色的果实开始采收。

定植………11~12月、2月中旬~3月中旬

定植要点

定植前先挖1个深度和直径约50厘米的坑，在挖上来的土里混入腐殖土。桃树喜好日照好、排水好的位置。如果地处温暖地区，可以选择在11~12月栽培，这样就能赶上开花。

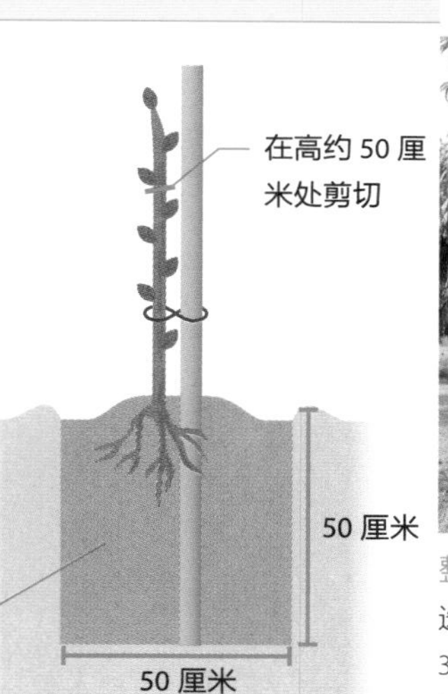

整形修剪成自然开心形树形

选择3~4根枝条作为主枝来培养，从幼树开始培育3~5年，高度控制在2.5米以下。如果枝条向上生长，可以用绳子使其保持水平方向。

施肥………3月、5月、9月

施肥要点

冠幅直径1米以内的果树，在3月施130克猪油渣，在5月和9月各施30克化肥。

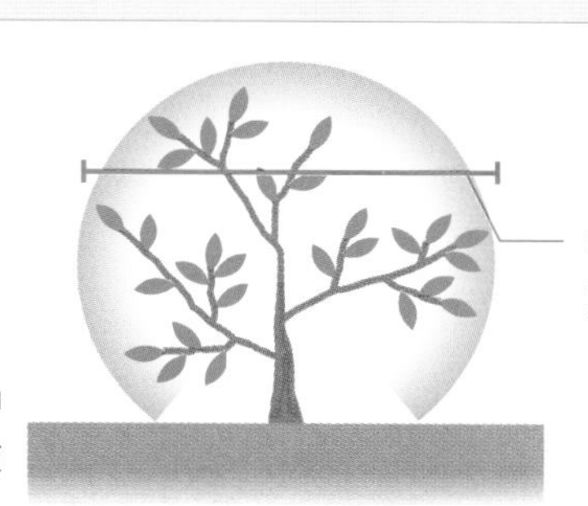

肥料应均匀地施在枝叶延伸范围内。在5月和9月根据枝叶的状态调整肥料用量。

◉ 推荐品种

品种名称		采收时期 6月			7月			8月			特 征
毛桃	武井白凤			■	■						果实重约220克。果肉为白色，甜度高。该品种一般在虫害发生前便可采收，适合初学者栽培
	拂晓						■	■			果实重约250克。果肉为白色，甜度高，酸味少，很受欢迎，果实也不易裂
	黄金桃							■	■		果实重约250克。果肉为黄色，人气高。枝条向外延展，树形容易培养
	川中岛白桃							■	■		果实重约300克。果肉为白色，栽培桃树的首选品种。花粉较少，需要用黄金桃或拂晓作为授粉树
油桃	平塚红						■	■			果实重约150克，果实较小。果实不易裂，适合初学者栽培
	美国油桃								■	■	果实重约230克，在油桃中属于果实较大的品种。采收时期较晚，要注意病害

1 人工授粉 3月中旬~4月中旬

昆虫会帮忙授粉，一般来说是不需要人工授粉的，如果结果情况较差或想确保授粉也可以人工授粉。

1 开花后，选取雄蕊顶端为较暗颜色的花朵。

2 将摘下花朵的雄蕊擦拭在想要进行授粉的品种的雌蕊上。进行人工授粉后，再反过来对授粉树进行人工授粉。

2 疏果 5月中旬~5月下旬

为了让果实变大、变甜，需要进行疏果。留下不易掉落的、朝下的果或横向的果，带伤的或是较小的则摘掉。

1 优先保留朝下的和横向的果。

2 摘掉朝上的或带伤的果。

3 叶果比约为 30:1。每个果之间相隔 150 厘米。

3 套袋　5月中旬~5月下旬

疏果后，为了防止病虫害和风雨等的侵袭，需要通过套袋来保护果实。袋子一般选择市面上销售的即可。

1 为了保护果实，需给每个果实罩上袋子。

2 用附带的铁丝将袋子绑紧。因为桃的果柄较短，应将铁丝绕住整个果柄，不要有间隙。

4 摘心　5月下旬~6月上旬

摘心能够抑制枝条的过度延伸，同时能够改善通风，对果树的健康有利。

1 把向上延伸枝条的心摘掉，可以控制其延伸。

2 在枝条基部往上15厘米处摘心。

5 采收　6~9月

桃会在完全成熟之前变甜，采收时从成熟的、着了色的果实开始。颜色尚浅的果实则需要重新罩上袋子，等待果实着色。

1 注意不要压到果实，采收时轻轻将果实向上抬起。

2 果柄会伤到其他果实，应将果柄去除。

6 修剪 12月、2月

毛桃的花芽会遍布枝条，无论剪多少都能够结果。不过，30 厘米以下的短果枝更能长出花芽，因此应剪去枝条的顶端，让其长出更多短果枝。

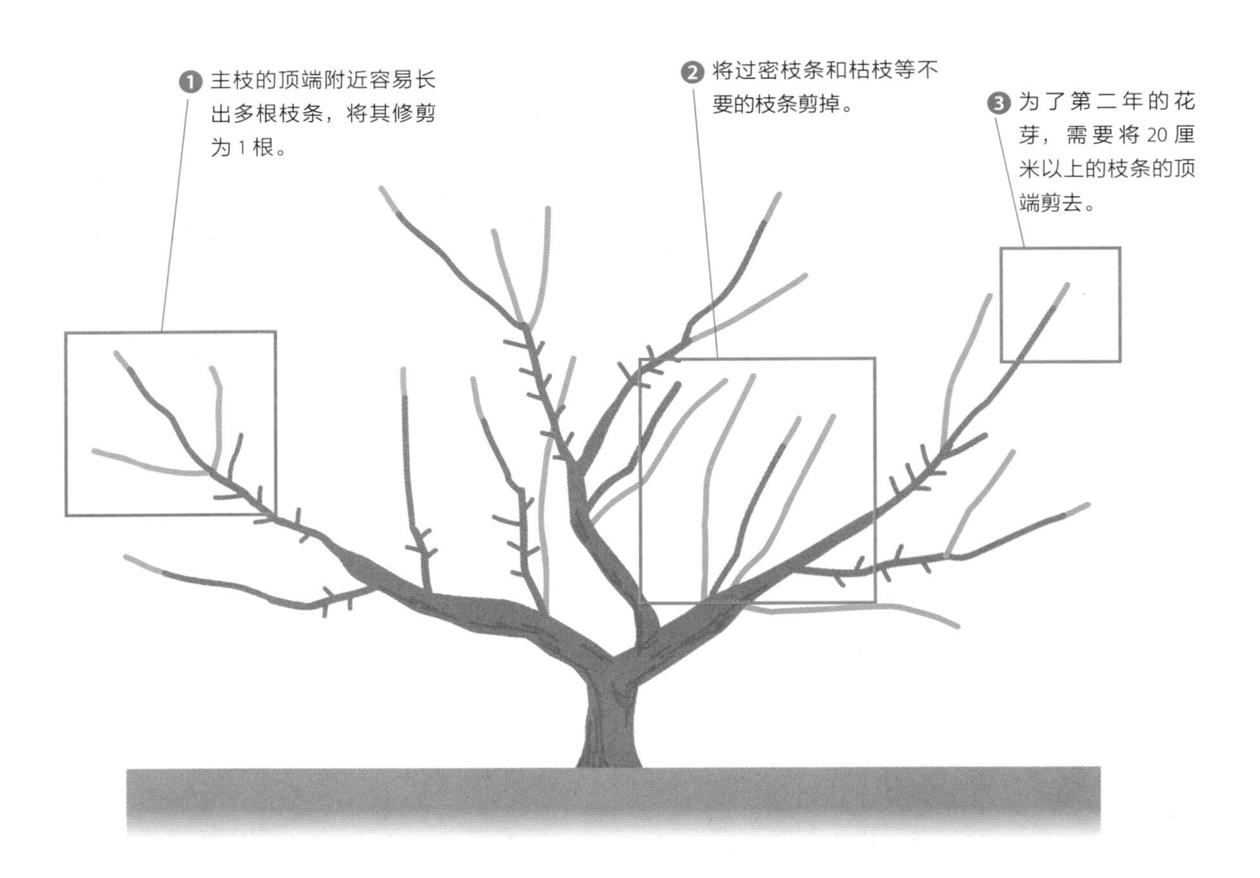

修剪步骤

❶ 修剪顶端附近的枝条

主枝的顶端附近容易长出多根枝条，仅保留影响树形的那一根，其他的从基部剪去。主枝延长线上长出的枝条作为顶端。

❷ 疏枝

将枯枝、弱枝、过密枝条剪去，改善通风和日照。整理破坏树形的枝条，在这个阶段可以逐渐固定树形。

❸ 剪去枝条顶端

20 厘米以上的枝条会长出有利于结果的短果枝，将其顶端剪去 1/4 左右。让顶端长出叶芽能够有效防止枯萎。

结果位置

花芽遍布果树整体，而且都能结果。特别是短果枝更容易长花芽。花芽和叶芽有区别，无论剪去哪个位置，基本上都还会有花芽。

1 修剪顶端附近的枝条

长在枝条顶端的多根长枝，只留下主枝延长线上的那一根，其他的剪掉。

从基部将分叉的枝条剪去。

剩余的枝条比例大概是 15 厘米以下的短枝占 70%，20 厘米以上的长枝占 30%。

2 疏枝

从枝条基部剪去主枝上向上延伸的枝条，只留下更新的几根。

除了更新用的枝条以外，其他的都剪去。

几年后，旧枝新枝更替。除此以外，枯枝及基部长出的嫩芽也剪去。

3 剪去枝条顶端

20 厘米以上的枝条都稍稍剪短。

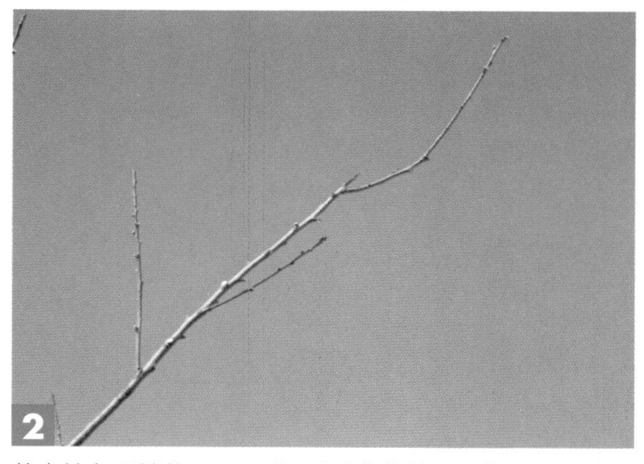

剪去枝条顶端约 1/4，刚好到叶芽的位置，能够防止枝条枯萎。

蓝莓

杜鹃花科越橘属

要点

- 喜好酸性土壤，可以通过加入没有调整过酸度的泥炭藓土来调整酸度。
- 栽培同系统的其他品种有益于结果。
- 保持丛生树形，同时更新根部长出来的枝条。

资料

难度▶中等　　高度▶ 1~1.5 米

树形▶丛生树形　　性质▶落叶低木

是否需要授粉树▶需要

耐寒气温▶ −15℃

土壤 pH ▶ 4.3~5.3

花芽位置▶短枝顶端

■特征

近年来蓝莓备受欢迎，其品种多，既有耐寒的北高丛蓝莓，也有耐热的南高丛蓝莓、兔眼蓝莓。如果单株结果情况差，可以再栽培 1 株同类型的其他品种的蓝莓，其结果情况就能改善。特别是兔眼蓝莓，建议一次性栽培 2 株以上。

另外，与其他果树不同，蓝莓喜好酸性土壤，因此需要加入没有调整过酸度的泥炭藓土来保持土壤酸性。

■栽培月历

1月	2月	3月	4月	5月	6月	7月	8月	9月	10月	11月	12月
		定植									
				人工授粉							
					摘心						
									采收		
		修剪									
		施肥									

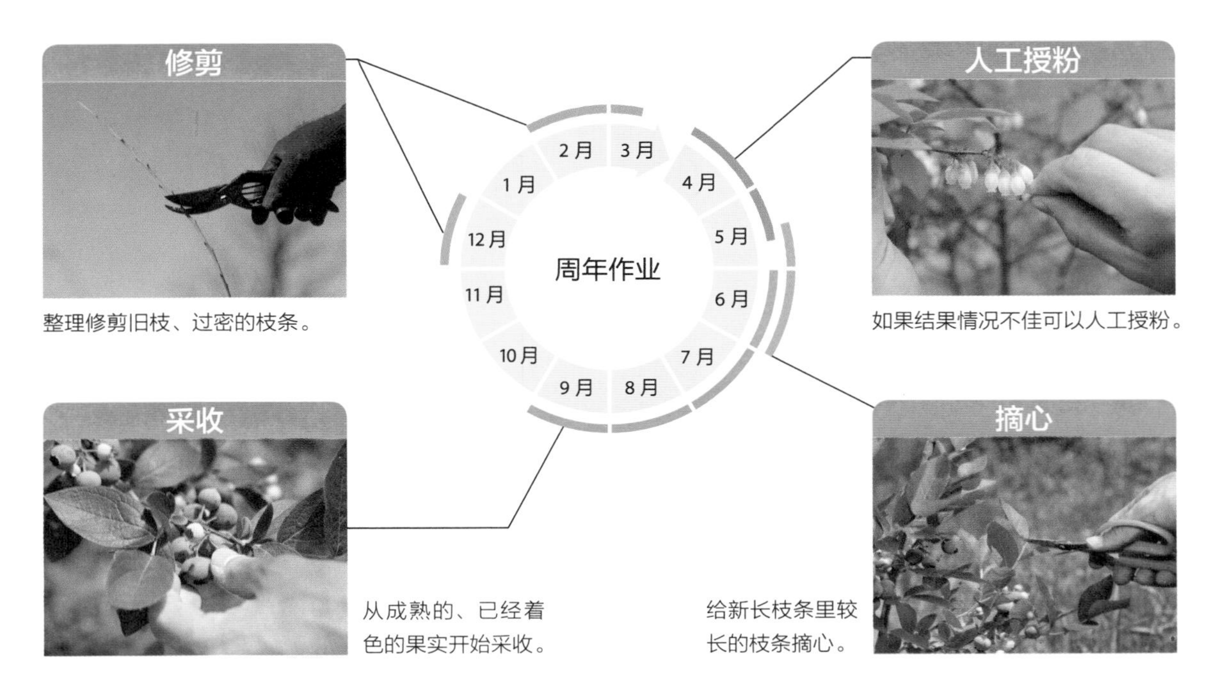

整理修剪旧枝、过密的枝条。

如果结果情况不佳可以人工授粉。

从成熟的、已经着色的果实开始采收。

给新长枝条里较长的枝条摘心。

定植……11月中旬~12月、2月中旬~3月中旬

定植要点

因为蓝莓喜好pH为4.3~5.3的酸性土壤，在挖上来的土里混进腐殖土和泥炭藓土来调整酸度。使用泥炭藓土时将其和水一同放入桶里，完全混合在一起后再使用。

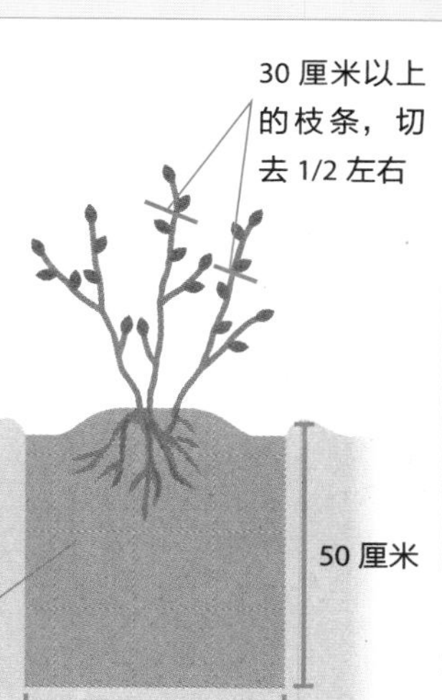

培养成丛生树形

大多为丛生树形，从主干延展出多根枝干。枝过多会影响日照和通风，冬季需要剪去不必要的枝条和枝干。

施肥……2月中旬~3月中旬、5月、9月

施肥要点

冠幅直径小于1米的果树，在2月中旬~3月中旬施130克猪油渣，在5月和9月各施30克化肥。

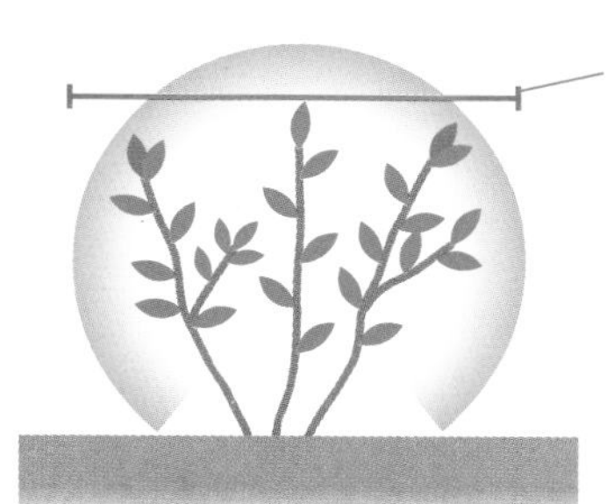

在枝叶延伸范围内均匀施肥。在5月和9月需要根据枝叶的状态调整肥料用量。

◉推荐品种

类型		品种名称	采收时期	特征
高丛	北高丛	公爵	6月上旬~7月上旬	果实重约2.6克，属于果实较大的品种。大多数情况下即使没有授粉树也较容易结果
		钱德勒	6月中旬~7月中旬	果实重约3.3克，结果多。较少出现裂果的情况
	南高丛	奥尼尔	6月中旬~7月中旬	果实重约1.7克，是很受欢迎的品种。甜度高，果肉结实
		阳光蓝	7月上旬~8月上旬	果实重约1.5克，较小。能够大量采收，花为粉色，花苞为红色
兔眼蓝莓		贵蓝	7月下旬~8月下旬	果实重约2.5克，在兔眼蓝莓中属于果实较大的。甜度高
		梯芙蓝	7月下旬~8月下旬	果实重约2.0克，属于栽培历史较长的品种之一

1 人工授粉 4月~5月中旬

原本蓝莓是不需要人工授粉的，只需在结果情况不佳时进行。1朵花的花粉能够授粉约100个果实。授粉时建议用同一类型的不同品种进行授粉。

首先选择花苞鼓起来的花朵。花苞没有鼓起来，说明花粉较少，应避开这一类花苞。授粉时也要选择花苞鼓起来的且顶端有雌蕊的花朵。

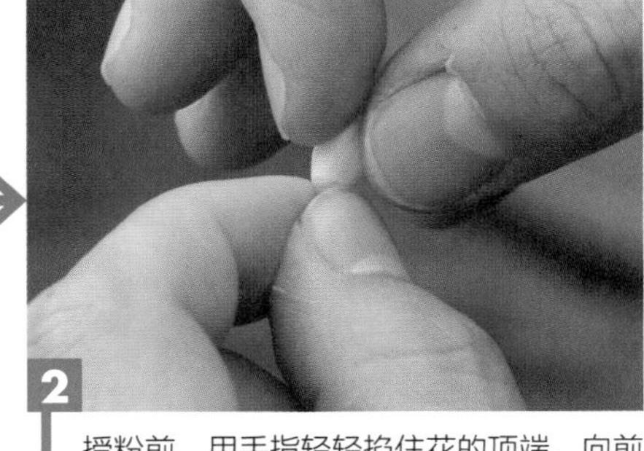

授粉前，用手指轻轻掐住花的顶端，向前拉，这是授粉前的准备工作，注意不要过于用力。

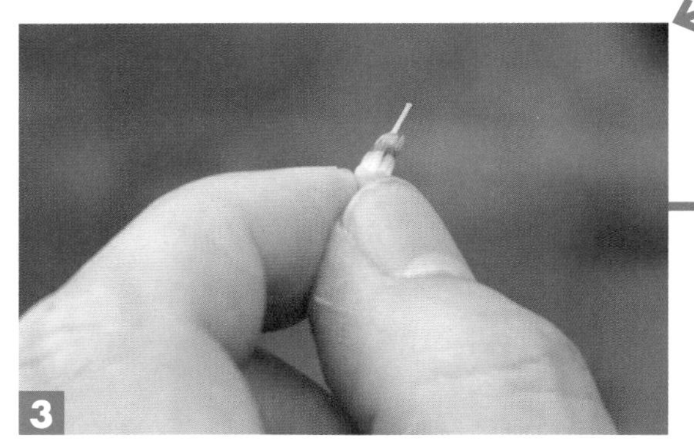

将花瓣去掉后，较长的雌蕊和褐色的雄蕊便会露出来。

轻轻揉搓雄蕊，将其擦拭在其他品种的雌蕊上。

注意！

如果有授粉树会更好

无论是高丛还是兔眼蓝莓，有些品种单靠一株树也能够结果，但是有授粉树的情况下，结果情况会更加稳定。如果想栽培的品种属于高丛，那么就选择与其开花期相近的高丛的其他品种作为授粉树。最近也出现高丛和兔眼蓝莓搭配栽培后结果稳定的情况。

大部分兔眼蓝莓类型的品种在有授粉树的情况下结果较稳定。

2 摘心 5 月中旬 ~6 月

新长出来的嫩枝中，长得较长的不易长花芽，因此要在花芽长成的 7 月下旬之前将其剪短。这样能够使果树长出短枝，提高产量。

最迟在 6 月上旬之前给较长的枝条摘心，让果树长出新的短枝，提高来年的产量。

剪去过长的部分，使枝条长度保留约 20 厘米。剪断位置在叶子的基部上方约 5 毫米的位置。

剪完所有长枝就完成了摘心。摘心后在顶端附近长出的 2~4 根枝条上便会长出花芽。

3 采收 6~9 月

采收时，从整体呈现青紫色的果实开始。等到果实开始变软，酸味消失，甜度便会增加。不过，有一些品种的果实即使变软了酸味也不会消失。

从成熟的、已经着色的果实开始采收。

轻轻捏住果实，与果实上的果柄保持同一方向摘下。

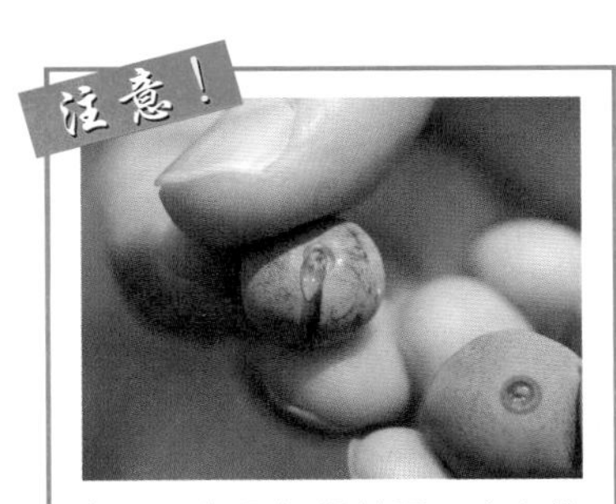

如果不与果柄保持同一方向摘下，果皮会卷起，不利于长时间保存。

4 修剪 12月、2月~3月上旬

蓝莓的修剪，主要是修剪从根部长出的萌蘖、杂乱的部分和不要的枝条。蓝莓的花芽和叶芽不同，能够辨别出来，修剪时需要将没有花芽的枝条顶端剪短。

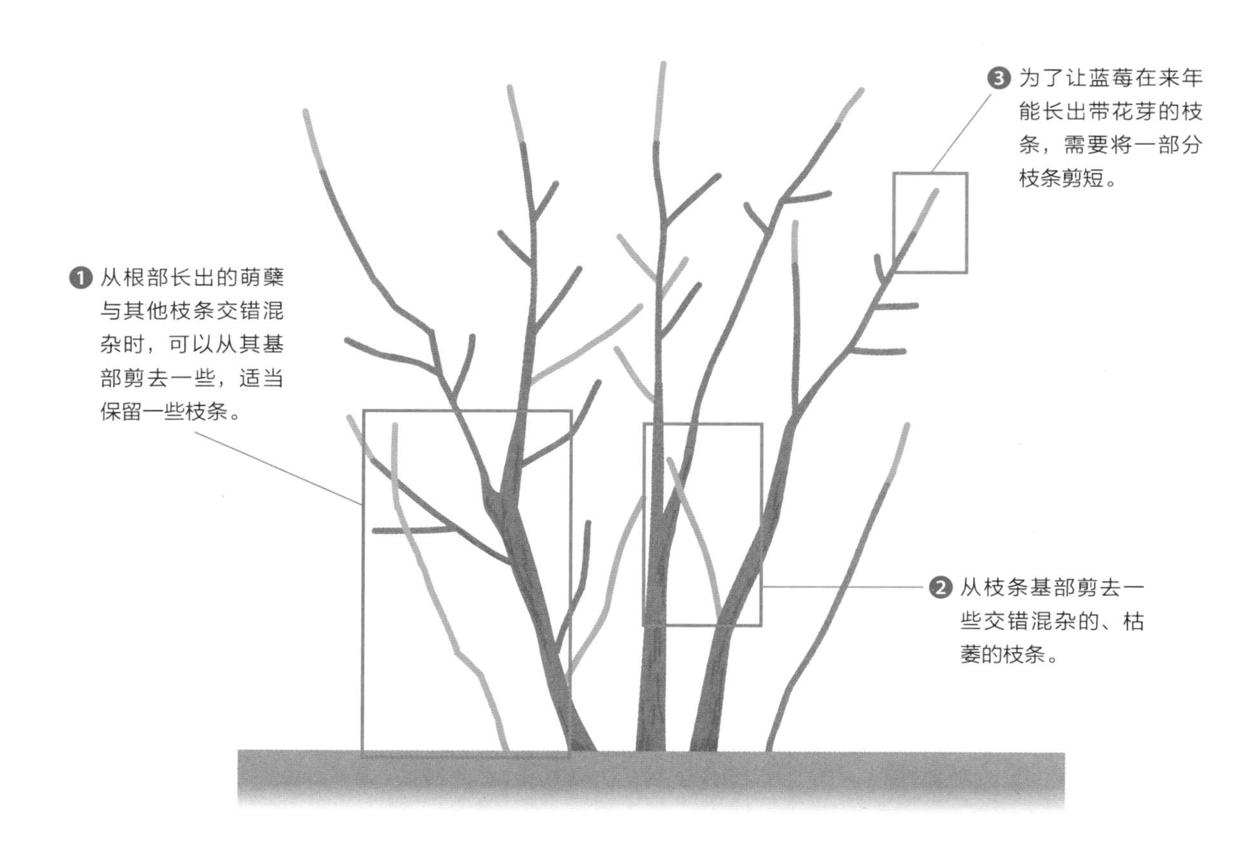

→ 修剪步骤

❶ 剪去根部的萌蘖

剪去一些和其他枝条混杂在一起的根部长出的萌蘖，将其从基部剪去，来保持果树整体整洁。长得较好的则可以保留下来，先将其顶端剪短，待 2~3 年后更新旧枝的时候可以用。

❷ 剪去不要的枝条

去除枯枝、弱枝、过密的枝条，来改善通风和日照。在这个时期，应修剪破坏树形的枝条，在一定程度上塑造出果树的形状。

❸ 将枝条顶端剪短

剪去根部长出的枝条和其他不要的枝条后，还要将超过 30 厘米的枝条的顶端剪短 1/3，这样才能让其在春季长出更多的枝条。而短于 30 厘米的枝条，如果花芽较多也应进行修剪，1 根枝条上约有 3 个花芽较合适。

结果位置

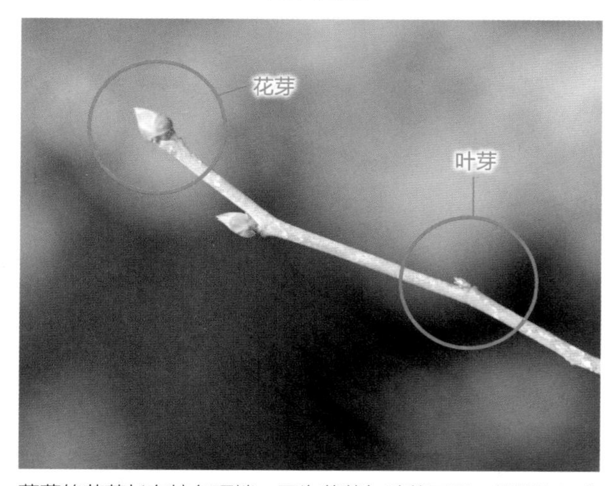

蓝莓的花芽长在枝条顶端，因为花芽与叶芽不同，能够边区分边修剪。除部分枝条以外，不要剪掉带花芽的枝条。

1 剪去根部的萌蘖

根部会长出萌蘖，应从根基部剪去与其他枝条混杂在一起的和一些较老的枝条。

适当留下一些新枝，这样每年结果会稳定些。

2 剪去不要的枝条

将混杂的部分从基部剪去，改善通风。

长势较好的过长的枝条也从基部将其剪去。

出现多根平行枝的情况，如果能够保证花芽的数量，可以将其剪去。

3 将枝条顶端剪短

30 厘米以上的枝条，从顶端剪去 1/3，包括花芽在内一同剪去。

剩下的枝条也剪去 1/3，使果树长出新枝。有花芽不利于长出更多枝条。

黑莓

蔷薇科悬钩子属

要点

- 有贴着地面延伸的类型，也有枝条前端下垂的类型。
- 耐寒、耐热，不需要花很多工夫。
- 更新并利用从根部延伸出来的枝条。

资料

难度▶低　　高度▶ 1 米

树形▶篱笆攀附形等

性质▶落叶低木

是否需要授粉树▶不需要

耐寒气温▶ -20℃　　土壤 pH ▶ 5.5~7.0

花芽位置▶枝条整体

■特征

黑莓是在日本也很常见的树莓的同伴。黑莓原本生于北美洲，因比较适应日本的寒冷和酷暑天气，不用花很多工夫也能很好地生长。

黑莓有不同的品种，有初夏结果的“一年一季”品种，也有初夏和秋季结果的“一年两季”品种。最近也会作为园林植物，被用作围栏。

枝条的生长，既有蔓生类型，也有枝条顶端下垂的类型。其中枝条没有刺的品种较受欢迎。很多需要通过支柱和篱笆等来帮助牵引。

■栽培月历

1月	2月	3月	4月	5月	6月	7月	8月	9月	10月	11月	12月
	■	■	定植							■	■
				■	人工授粉						
				■	■	■	■	■	■	牵引	
				■	■	■	采收				
■	■	修剪									■
	施肥	■		■				■			

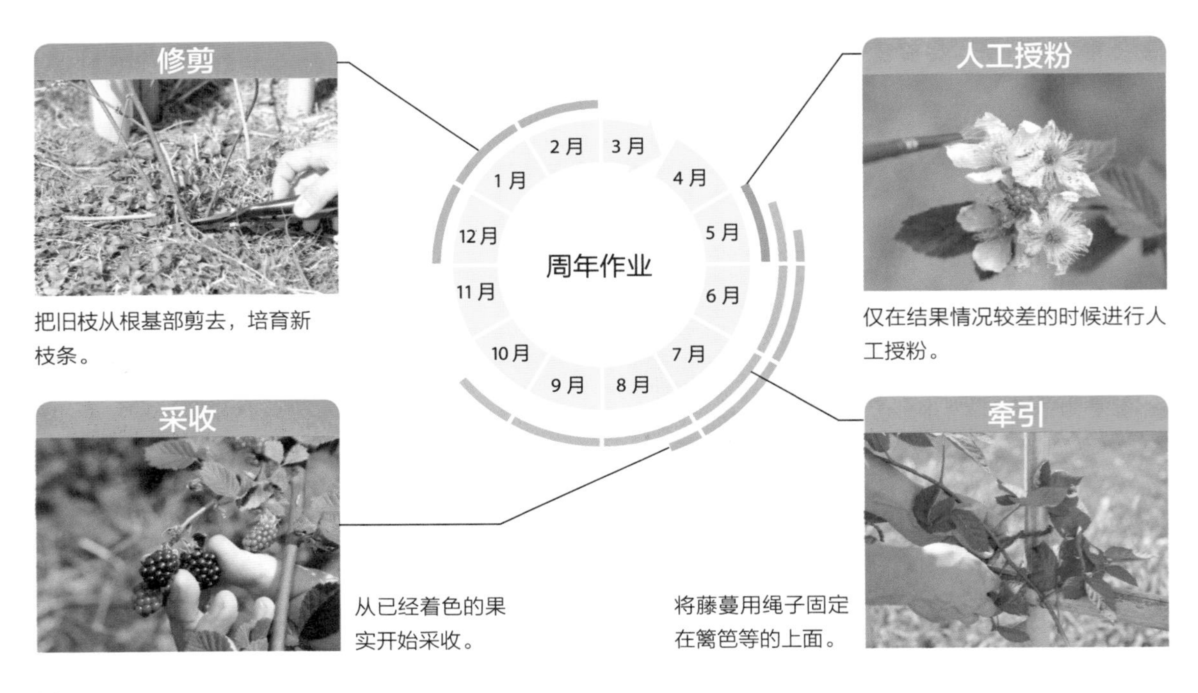

把旧枝从根基部剪去，培育新枝条。

仅在结果情况较差的时候进行人工授粉。

从已经着色的果实开始采收。

将藤蔓用绳子固定在篱笆等的上面。

定植……11~12 月、2 月中旬 ~3 月

定植要点

定植前先挖 1 个深度和直径约 50 厘米的坑，在挖上来的土里混入腐殖土。已经分叉的枝条，在从下往上数第 3~5 个芽的位置剪去顶端。没有分叉的枝条在从下往上 30~40 厘米的位置剪去顶端。

搭架栽培

黑莓生长 2~3 年后，可以将蔓生的这一类黑莓牵引到篱笆上。如果是直立生长类型的黑莓，则将其培养成 1 米高左右的果株。

施肥……3 月、5 月、9 月

施肥要点

冠幅直径 1 米以内的树，在 3 月施 150 克猪油渣，在 5 月和 9 月各施 30 克化肥。

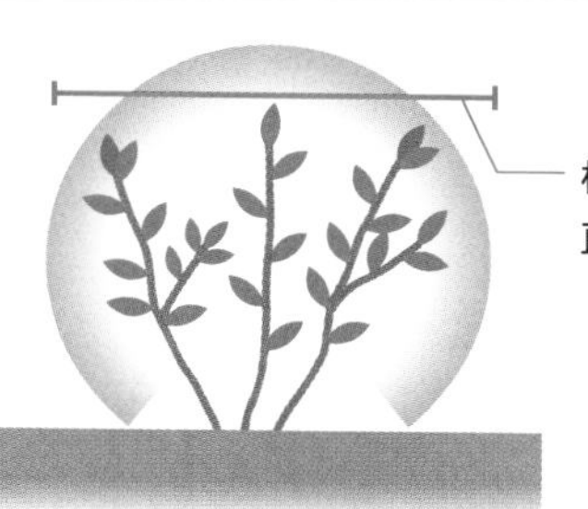

枝叶延伸范围（即冠幅，直径 1 米以内）

肥料应均匀地施在枝叶延伸范围内。在 5 月和 9 月根据枝叶的状态调整肥料用量。

◉ 推荐品种

品种名称		采收时期 6月			7月			8月			9月			10月			特　征
单季品种	宝森			■	■	■											属于蔓生品种，建议牵引到篱笆上。有些品种会带刺，果实为红紫色
	卡伊娃				■	■	■										半直立品种，有刺。适合培养成果株。果实较大，有些能长出10克左右的果实
	Merton Thornless					■	■	■									枝条顶端下垂延伸的品种，没有刺。果实较大，是黑莓的代表性品种，果实为黑色
	冬福瑞					■	■	■									蔓生品种，没有刺，结果情况佳，采收量大的品种，果实为黑色
双季品种	Prime Jim			■	■	■					■	■	■	■	■		直立形品种，有刺。双季品种，在初夏和秋季结果，果实重5克左右

1 人工授粉 5月

一般由昆虫授粉，不需要人工授粉。如果结果情况差或想确保授粉时，可以人工授粉。

1 开花后用同一种花进行授粉。

2 用干燥的画笔在雌蕊和雄蕊之间来回擦拭。

2 牵引 5月中旬~10月中旬

黑莓的大多数品种属于蔓生或较难直立，需要将其牵引到篱笆上。在分布枝条时应注意保持间距。

1 长出来的枝条如果混杂在一起，则需要边调整枝条位置边固定。

2 将绳子打个8字后固定在支架上。也不要过紧，避免绳子陷入枝条内部。

3 采收 5月下旬~8月上旬

果实整体变成黑色就是黑莓成熟的标志。未成熟的黑莓有强烈的酸味，采收时从成熟的果实开始。

1 选择变黑的、成熟的果实。

2 轻轻捏住果实，按照果柄的方向向下拉。

注意！

帮助果树长出更多枝条

这项操作不是必须的。果树会在初夏，一般是5月下旬~6月中旬从根部长出萌蘖。第一年结果的枝条会在冬季枯萎，所以需要培育用于第二年结果的枝条。初夏时节，为了让果树长出更多枝条，可以将根部长出的萌蘖的顶端剪去1/3。

将顶端剪去1/3左右

1 把当年长出来的萌蘖的顶端剪去约1/3，第二年便能够结出较多的果实。

2 剪切的位置是叶子的基部上方约5毫米处。保留的长度过长或过短都有可能导致枝条枯萎。

4 修剪 12月～第二年2月

呈藤蔓状延伸并结了果的枝条会逐渐枯萎，所以比起其他果树，黑莓的修剪不是很难。将枯萎的枝条剪掉，修剪剩下的枝条后将枝条牵引到篱笆上即可。

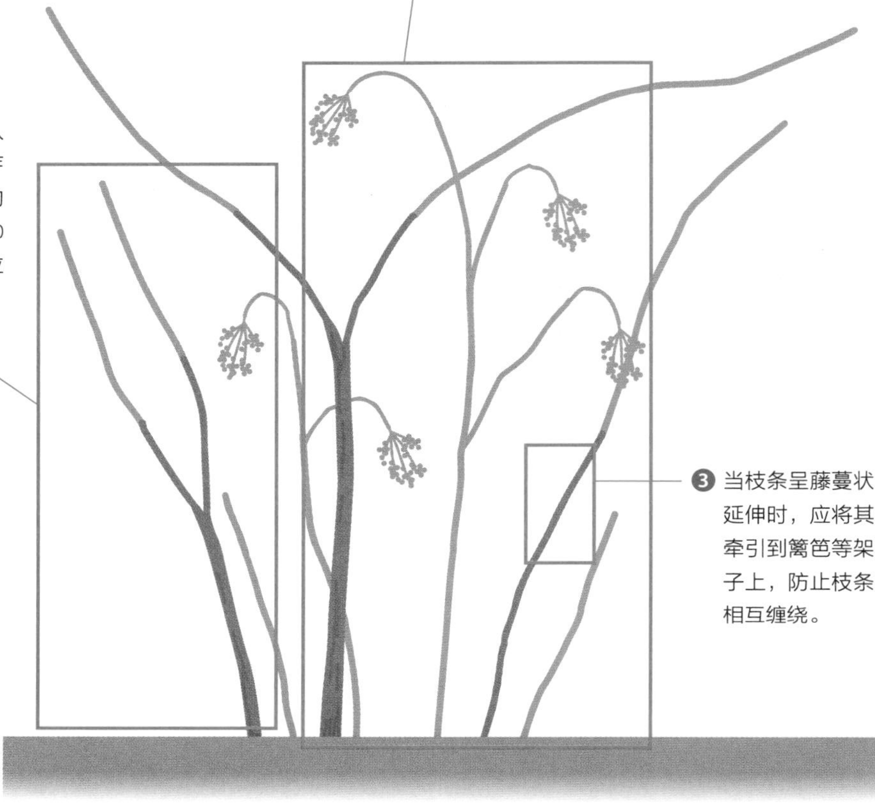

修剪步骤

❶ 剪去萌蘖

从根基部剪掉枯枝及交错的枝条。夏季长出来的枝条呈绿色和深褐色，枯枝的颜色介于褐色和灰色之间，较容易区分。

❷ 剪短枝条

已经长出来的枝条中，如果是已经分叉的枝条，应保留3~5个芽后剪短，控制枝条延伸过长。没有分叉的枝条在根基部往上30~40厘米处剪切。

❸ 牵引枝条

修剪后，应将不能直立的品种的枝条牵引到篱笆等架子上，注意要均衡分布，避免枝条重叠在一起，另外要将枝条固定在篱笆等架子的支柱上。

结果位置

黑莓的花芽遍布枝条整体，不过花芽和叶芽没有区别。无论哪个芽都会长出枝条，在枝条的顶端结果。

1 剪去萌蘖

根部有时会长出萌蘖，应剪去枯枝及交错混杂的枝条。

从较容易区分的枯枝开始剪，枯枝用手折断。

看地面上的枝条的交错混杂状态，如果太乱了就只保留较粗壮的枝条，其他的可以剪掉。

2 剪短枝条

已经分叉的枝条在从下往上数第 3~5 个芽处剪切，没有分叉的枝条在从下往上 30~40 厘米处剪切。剪切位置选择在芽与芽之间。

没有分叉的枝条在根基部往上 30~40 厘米处剪切。剩下的芽会在夏季长成较粗、较长的枝条。

3 牵引枝条

不能够直立的品种要用绳子将其固定到篱笆等架子上。

注意避免枝条重叠在一起，应全部固定在架子上。

柿子

柿科柿属

要点

- 有些品种需要授粉树。
- 有隔年结果的现象，需要进行疏果。
- 果树容易长大，需要通过修剪控制高度。

资料

难度▶中等

高度▶ 3 米左右

树形▶变则主干形

性质▶落叶低木

是否需要授粉树▶需要（根据品种）

耐寒气温▶ -13℃（甜柿）、-15℃（涩柿）

土壤 pH ▶ 6.0~6.5

花芽位置▶枝条顶端附近

■特征

柿子分为两种，一种是可以直接生吃的甜柿，一种是晒干后再吃的涩柿。甜柿在没有熟的时候也是涩的，成熟后涩味就会消失。有些甜柿品种如果没有种子，结果就会变差或者是无法褪涩，因此需要找开较多雄花的品种作为授粉树。另外，柿子容易出现隔年结果的现象，为了防止这种现象出现，需要进行疏果，摘掉多余的果实。疏果一般是在果实自然掉落后进行。

■栽培月历

1月	2月	3月	4月	5月	6月	7月	8月	9月	10月	11月	12月
			定植								
					人工授粉						
								疏果、套袋			
								采收			
		修剪									
		施肥									

修剪

柿子树容易长成大树，需要通过修剪控制高度。

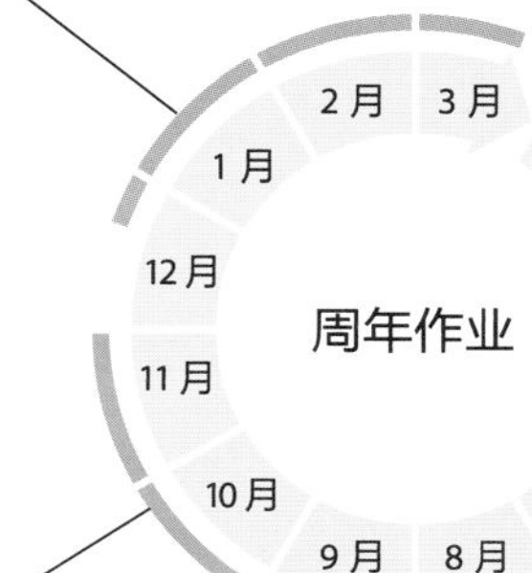

人工授粉

结果情况较差时需要人工授粉。

采收

从已经着色的果实开始采收。

疏果、套袋

为了防止隔年结果，需要给柿子树疏果。

定植……11 月中旬～12 月、2 月中旬～3 月

定植要点

定植前先挖 1 个深度和直径约 50 厘米的坑，在挖上来的土里混入腐殖土。柿子树害怕干燥，定植后，将掺有腐烂树叶的土壤或是稻草盖在根部。

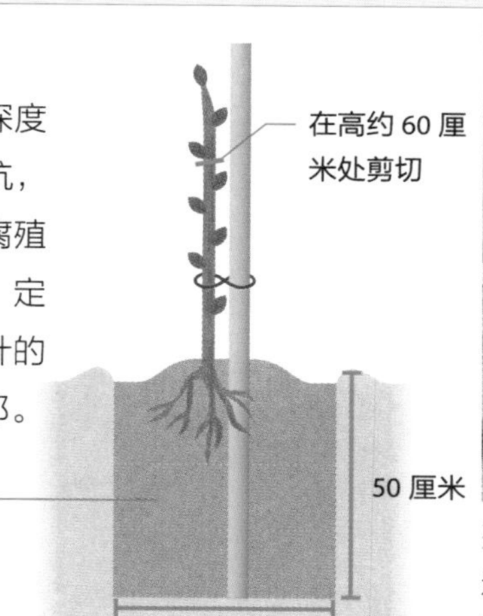

整形修剪成变则主干形树形

选择 4～6 年生的苗木，修剪中心的枝条，使其高度控制在 3 米以内。柿子树容易长高，因此每年需要通过修剪来控制高度。

施肥……2 月、6 月、10 月

施肥要点

冠幅直径 1 米以内的树，在 2 月施 150 克猪油渣、6 月施 45 克化肥、10 月施 30 克化肥。

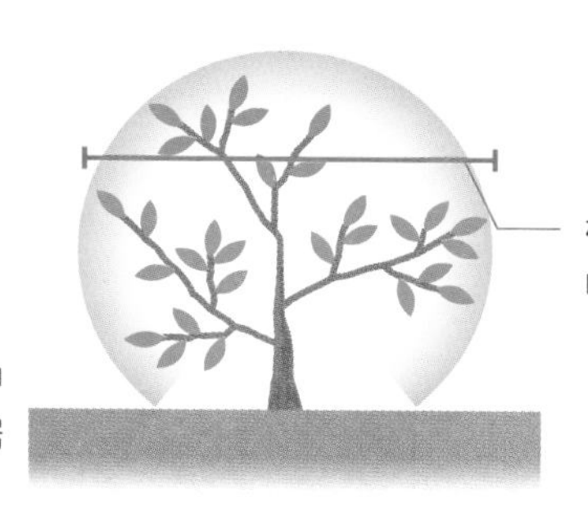

肥料应均匀地施在枝叶延伸范围内。在 6 月和 10 月根据枝叶的状态调整肥料用量。

◉ 推荐品种

品种名称		采收时期		特征
		10月	11月	
甜柿	太秋			果实重约380克，风味佳，很受欢迎。花粉虽然较少，但是会开雄花，不需要授粉树
	次郎			果实重约280克，易结果，风味佳。不开雄花，但是没有种子也能结果，不需要授粉树
	禅寺丸			果实较小，重约150克。开很多雄花，适合作为授粉树，自身不需要授粉树
	富有			果实重约280克。栽培甜柿的首选品种，风味佳。没有种子就很难结果，需要授粉树
涩柿	平核无			果实重约230克，栽培涩柿的首选品种，较难长出种子，容易褪涩，不需要授粉树
	富士			果实重约350克。适合制成柿饼。也叫“甲州百目”“蜂屋”。需要授粉树

1 人工授粉 5月

仅在每年结果情况较差或想确保授粉时进行人工授粉。需要授粉树的品种在进行人工授粉后结果情况会大大改善。

雄花
雄花比雌花小，2 朵或 3 朵成一簇。

雌花
雌花较大，花的外侧有绿色的花萼。

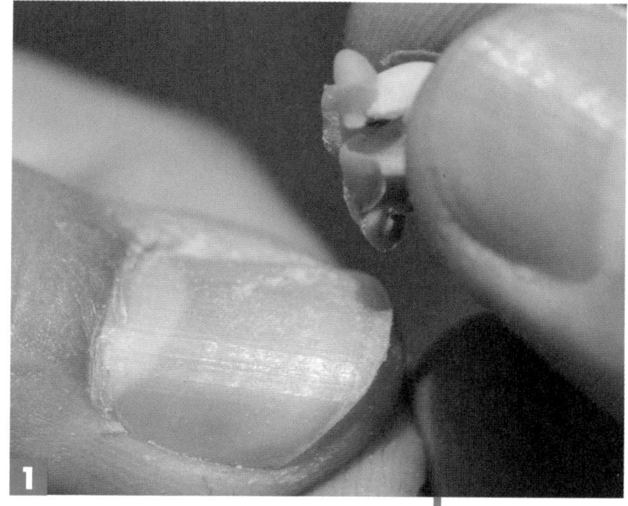

摘下雄花，轻轻揉搓花朵，将花粉倒在指甲上。

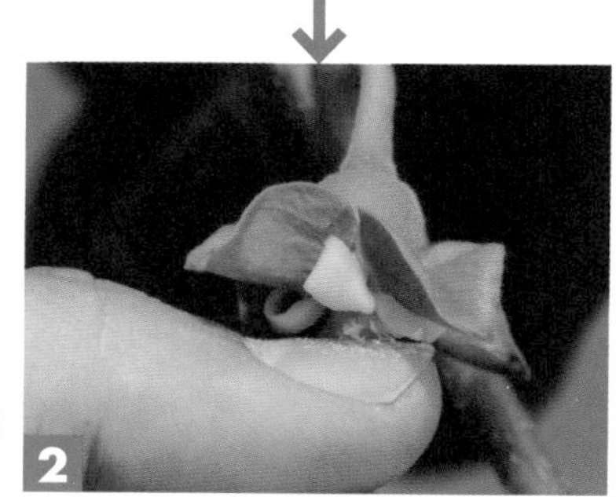

将花粉擦拭在雌蕊上。

注意！

用雄蕊擦拭雌蕊

除了取出雄蕊花粉将花粉擦拭在雌蕊上以外，还可以直接拿雄蕊在雌蕊上擦拭。雄花的雄蕊在花瓣的深处，需要先去除花瓣再人工授粉。

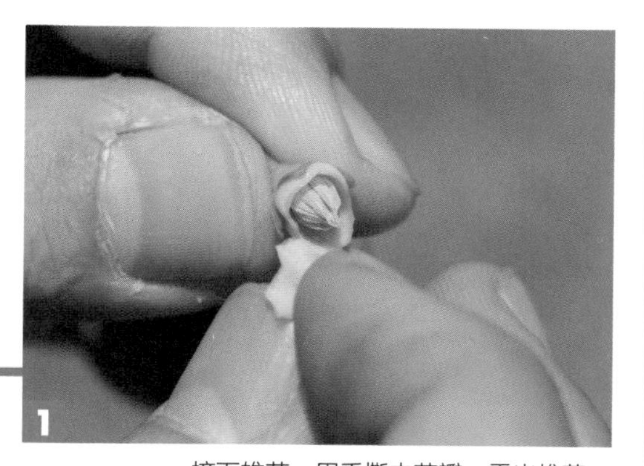

摘下雄花，用手撕去花瓣，露出雄蕊。

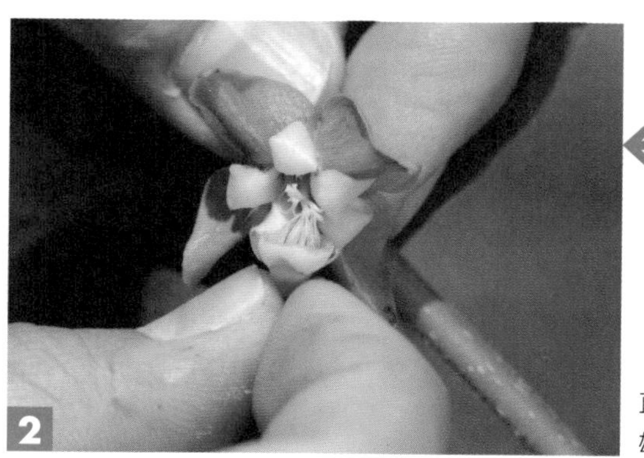

直接拿雄蕊在雌蕊上擦拭。1 朵雄花能给约 20 朵雌花授粉。

2 疏果 7~8 月

柿子树有隔年结果的现象，通过疏果能够确保每年都结果。

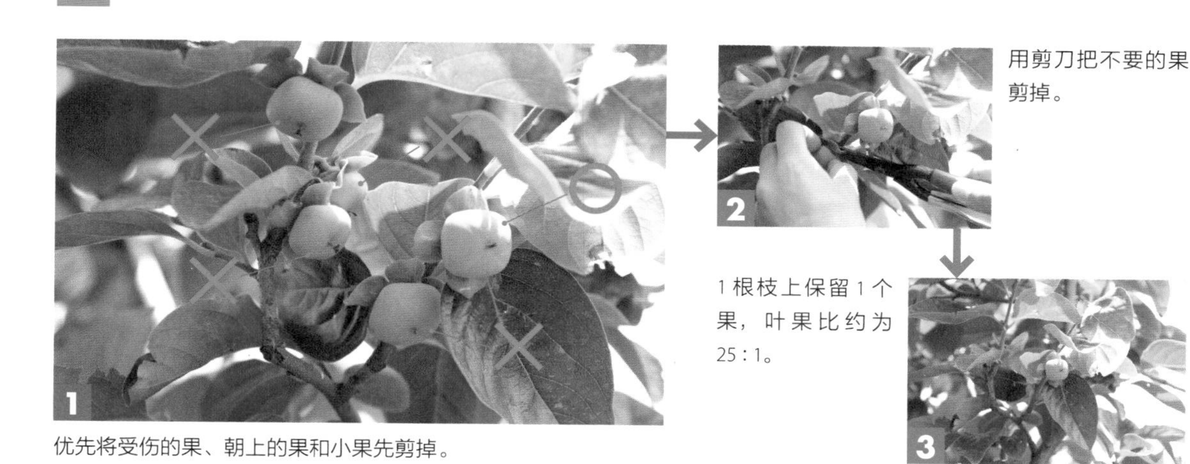

用剪刀把不要的果剪掉。

1 根枝上保留 1 个果，叶果比约为 25∶1。

优先将受伤的果、朝上的果和小果先剪掉。

3 套袋 7~8 月

这虽不是必须的操作，但为了避免病虫害和风雪等灾害，建议罩上袋子。

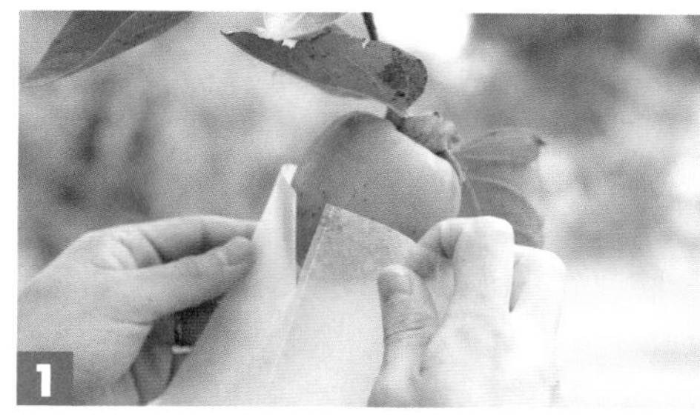

罩上市面上销售的袋子。

用铁丝固定好袋子，防止水和害虫进入。

4 采收 10~11 月

整体着色后就可以开始采收了。果柄较硬，采收时需要用剪刀剪断。如果将涩柿加工成柿饼，需要连枝带柿子剪下来，这样才能吊起来风干。

从已经着色的柿子开始采收。如果柿子长在较高的地方，需要使用高枝剪刀来采收。

已经结果的枝条第二年不会再结果了，所以可以连枝剪下。特别是要将涩柿加工成柿饼时，连枝剪下方便吊起来。

5 修剪 12月下旬～第二年3月中旬

柿子树容易长得较大，需要在初期控制高度和冠幅。另外，枝条也较密，需要疏枝，最后还需要将长枝顶端剪去。

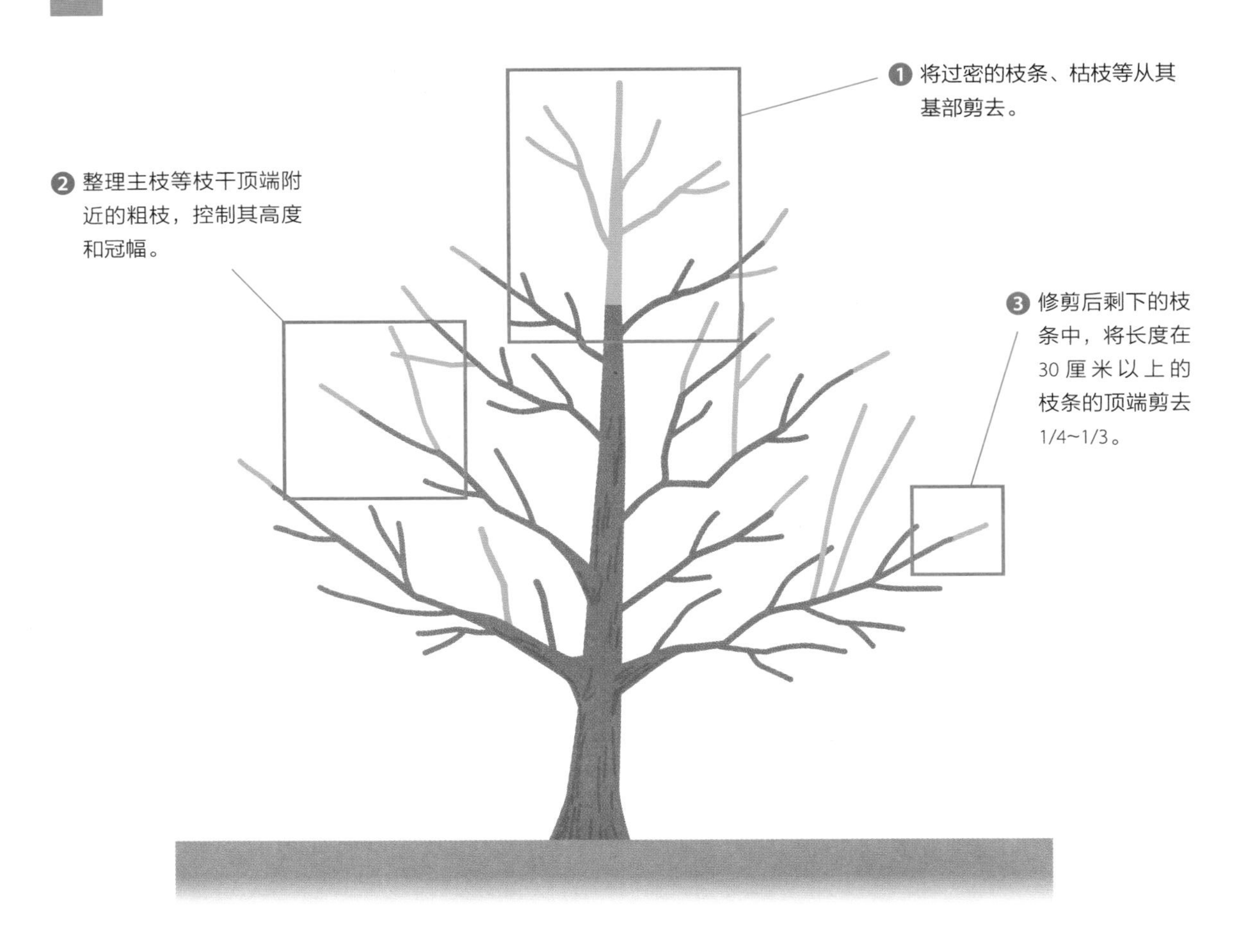

修剪步骤

❶ 整理顶端附近的枝条

在主枝等的顶端附近会有2~4根枝条，只保留决定树形的1根枝条，其他的从其基部剪去。将顶端剪短能使果树长出容易结果的枝条。

❷ 疏枝

剪去枯枝和细弱的过密的枝条，改善日照和通风，清理破坏树形的枝条。这个阶段在一定程度上塑造出树形。

❸ 剪去枝条的顶端

剩余的枝条中，将30厘米以上的枝条从顶端剪去1/4~1/3。花芽容易长在短枝的顶端，除部分枝条外，基本上短枝都不要剪短。

结果位置

大部分花芽容易长在短枝前端。花芽和叶芽难以区分，因此，除了一部分枝条外，基本上短枝都保留下来并好好养护。

1 整理顶端附近的枝条

这些是决定树形的顶端的枝条。仅保留枝干延长线上的1根枝条，其他的枝条从其基部剪去，最后将剩下的枝条的顶端剪去1/4~1/3。

2 疏枝

将过密的枝干等不要的枝条剪去，边考虑间隔边决定保留和不保留的枝条。

用剪刀将不要的枝条从其基部剪去。

通过清理过密的枝条改善日照和通风。

3 剪去枝条的顶端

将剩下的30厘米以上的枝条从顶端剪去1/4~1/3。

葡萄

葡萄科葡萄属

要点

- 搭架子，搭成一干两蔓形或棚架扇形。
- 在采收前要一直管理果实。
- 花芽长在当年刚生长的枝条上，需将枝条剪短。

资料

难度▶高

高度▶支架高需要 2 米左右

树形▶一干两蔓形等

性质▶落叶藤本

是否需要授粉树▶不需要

耐寒气温▶ −20℃　土壤 pH ▶ 6.0~7.0

花芽位置▶枝干整体

■特征

葡萄有很多品种，分为可以连皮吃的欧洲品种、抗病能力强的美国品种，以及欧美杂交品种。在日本栽培建议选择抗病能力强的美国品种。

与其他果树相比，葡萄需花费较多工夫，为了结出好看的葡萄穗，需要对果实进行管理。另外，葡萄枝为藤蔓，整理不断生长的藤蔓也需花费工夫。不过，如果不在意葡萄穗的外形，只需注意管理好虫害，也能够轻松地栽培葡萄。

■栽培月历

1月	2月	3月	4月	5月	6月	7月	8月	9月	10月	11月	12月
			定植		疏果、疏穗、套袋						
			修穗						采收		
		牵引、去除藤蔓									
			去除副梢								
		修剪									
		施肥									

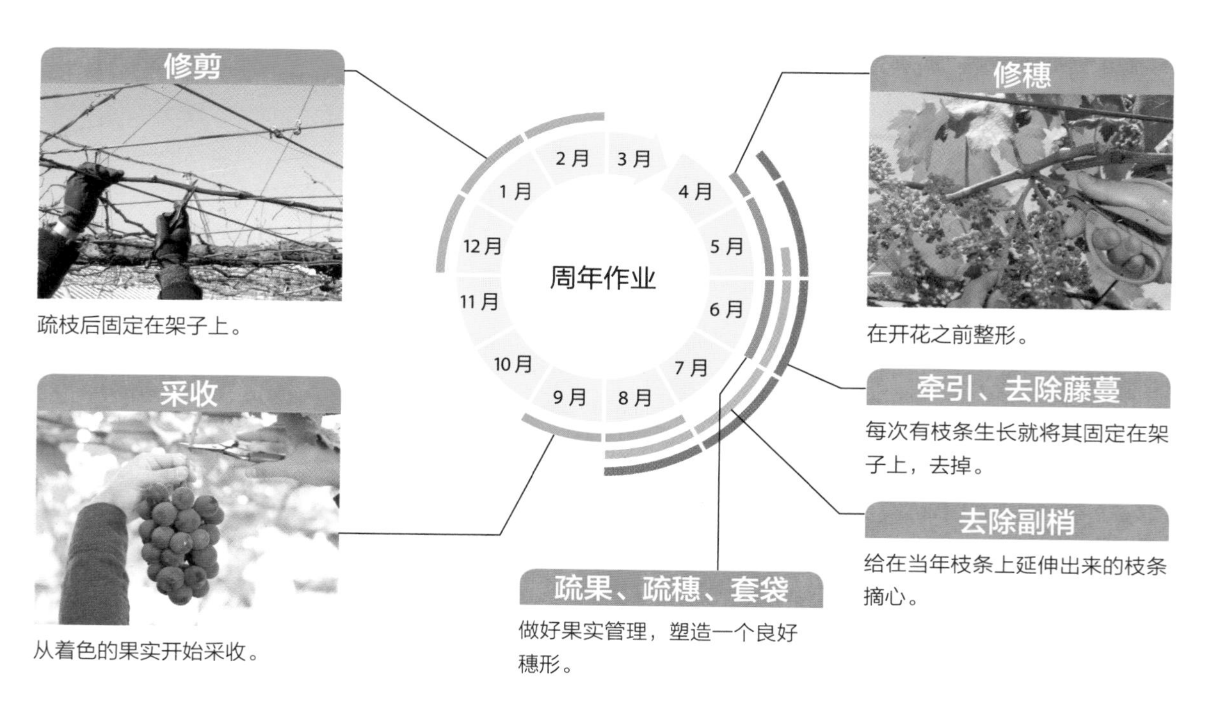

定植………11~12月、2月中旬~3月

定植要点

挖1个深度和直径为50厘米的坑，在挖上来的土里混入腐殖土。如果是一干两蔓树形，就将树栽在架子中央，如果是棚架扇形树形，就栽在架子的支柱附近。

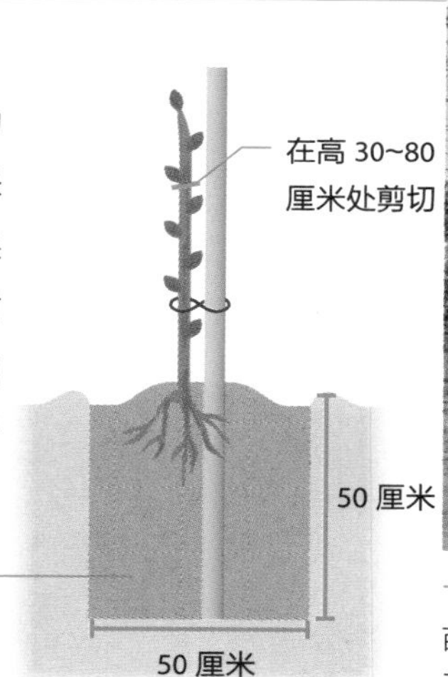

一干两蔓树形

苗木栽培约4年之后就可以将树牵引到架子上。如果是一干两蔓树形，在3米^{2}范围内留下6~8根枝条作为主枝。枝条尽量不断更新，保持枝条是新枝的状态。

施肥………2月、6月、9月

施肥要点

冠幅直径1米以内的果树，在2月施130克猪油渣，在6月和9月各施30克化肥。

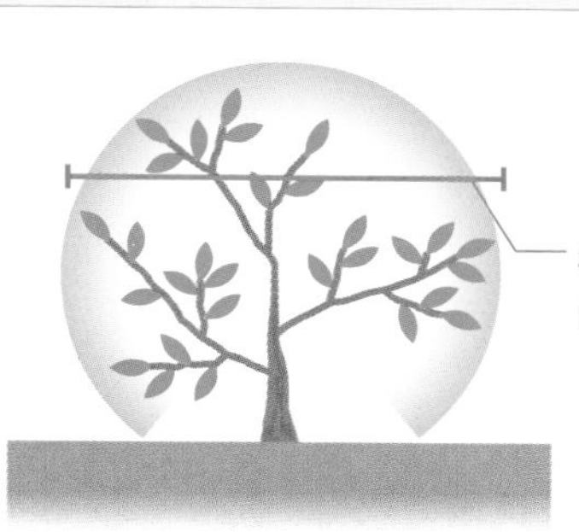

在枝叶延伸范围内均匀地施肥。在6月和9月根据枝叶的情况调整施肥量。

◉ 推荐品种

品种名称	采收时期		特　征
	8月	9月	
德拉瓦尔	■		欧美杂交品种。果小，呈红色。较受欢迎。抗病能力强，不用太花工夫
阳光玫瑰	■	■	欧美杂交品种。果大，呈黄绿色。可以连皮吃，较受欢迎。抗病能力较弱，需要好好管理果穗
巨峰	■	■	欧美杂交品种。果大，呈黑色。比较大众的品种，因此比较容易购买到苗木。结果能力稍弱
先锋葡萄	■	■	欧美杂交品种。果大，呈黑色。如果栽培较好，其果实能够大于巨峰
康拜尔早生	■	■	美国品种。果大，呈黑色。酸味较强，适合做果汁。抗病能力强，较易栽培
白罗莎里奥		■	欧洲品种。果大，呈黄绿色。可以连皮吃。抗病能力强，注意不要淋雨

1 修穗 4月下旬~5月

在开花前清理不要的部分，塑造良好的穗形。果实较小的品种只需要去掉2穗中的1穗。

有2穗的果实，将小的1穗从基部剪断。果实较小的品种仅需要这一步操作。

果实较大的品种，需将穗的上半段和顶端从其基部剪除。

将果穗的上半段从其基部剪去，保留13层。

注意！

使用赤霉素能够改善结果

如果想培育无籽品种或是巨峰等品种结果情况较差时，可以使用赤霉素来改善。在日本，园艺商店一般就销售赤霉素，需要详细阅读说明书再使用。

将溶于水的赤霉素倒入杯中，分2次将穗泡在溶液中。果实较大的品种，第一次选择在花盛开到盛开后这3天期间，第二次则在花盛开后的第10~15天。果较小的品种，第一次在花盛开前14天，第二次在花盛开后约10天后。

2 牵引、去除藤蔓 4月下旬~8月

葡萄枝条呈藤蔓状，春季长出的枝到夏季来临之前能长到2米。将新长出来的枝条均匀地牵引到日照较好的地方并固定。

1 如果强硬地将枝条搭在架子上可能会出现折枝的情况，新长出来的枝条等长到30厘米再牵引到架子上。牵引时设定枝条延伸的方向再顺势牵引。

2 将枝条拉到架子附近用绳子绑紧。

3 枝条上的藤蔓会绕在架子上，发现藤蔓则需要从基部将其剪去。

4 牵引并去除藤蔓后即完成操作。之后新长出来的枝条再进行同样的操作，固定位置之间保持50~70厘米的间隔。

3 去除副梢 5月下旬~8月

在当年新长出来的绿色的枝条上新长出来的枝称为副梢。副梢增多会影响日照和通风，需要摘心。

当年新长的枝条的叶子基部如果出现副梢，则仅保留1片叶子，其他的从其基部剪去。

4 疏果 6月

果粒变大后，果粒与果粒之间会互相挤压，出现裂果的现象。因此需要在果粒较小的时期进行疏果。果粒本身较小的品种则不需要。

在果粒变大之前，在 1 根枝上选择较好的 1 穗进行疏果。

果粒变大后也要疏果来保证果粒与果粒之间不互相挤压。修剪时先将果穗内侧的小果及果形较差的果粒用剪刀剪掉。

疏果后。果粒较大的品种保留 30 粒左右，果粒大小中等的品种保留 60 粒左右。

5 疏穗 6月

疏果结束后，为了避免养分分散，需要进行摘穗，1 根枝上保留 1 穗。如果是果粒较小的品种，留 2 穗也可以。

成功疏果后，再将果穗从基部剪下。

1 根枝上只保留 1 穗，其他的摘掉。

6 套袋 6月

通过套袋防止病虫危害和鸟类啄食。同时要绑紧袋子防止雨水进入。

1 使用市面上销售的袋子从下向上套在果穗上。不要使用其他非果实专用的袋子。

2 用铁丝卷好袋口，固定好，防止雨水进入。

注意！

用套袋来防病害

葡萄的果粒不抗雨水，容易在梅雨季节患病。特别是黑痘病，会使果粒表面产生黑斑，减少产量。

染上黑痘病的果粒。在染病初期需要将染病部分去除，防止扩散。

7 采收 8~9月

从果穗整体已经着色的果穗开始采收。气温高的地区可能出现着色差的情况，可以通过尝味道确定成熟与否。

1 去掉袋子确认颜色。如果着色不均匀可以尝一下味道。

2 用剪刀剪断果柄。

8 修剪 12 月 ~ 第二年 2 月

葡萄的枝条呈藤蔓状生长，因为枝条遍布枝条整体，所以可以将枝条剪短。修剪后将剩下的枝条牵引到架子上。

❶ 将顶端的多根枝条朝向设定的方向，并剪短顶端。

❷ 剪去不要的枝条，每平方米范围内保留枝条 2 根左右。剩下的部分剪短。

❸ 将修剪好的枝条牵引到架子上。在牵引前先去除上一年使用过的绳子。

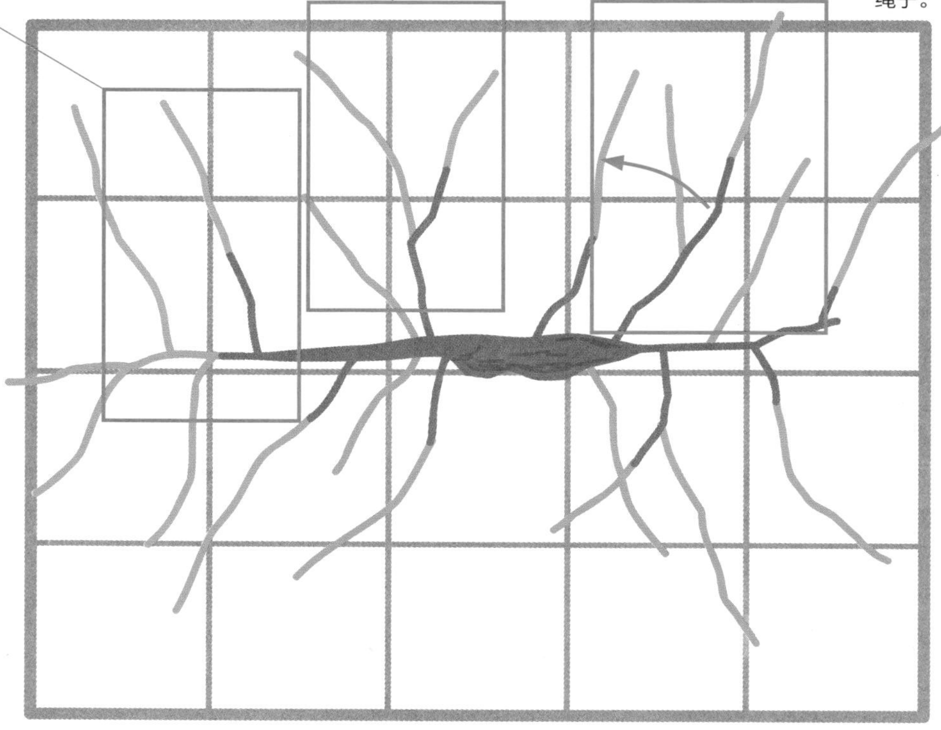

→ 修剪步骤

❶ 修剪顶端附近的枝条

先决定主枝等决定树形的枝条，从顶端附近开始修剪。首先，先设定枝条延伸的方向，把枝条拉直，留下 5~9 个芽后剪短顶端。

❷ 剪短枝条

以每平方米 2 根枝条为标准，从枝条基部剪去，剩下的枝条留下 5~9 个芽后剪短顶端。已经分叉的枝条，选择其中的新枝，旧的剪掉。

❸ 牵引枝条

修剪后要将枝条牵引到架子上。分配好每根枝条的延伸方向，用绳子固定在架子上。如果有上一年修剪或夏季牵引时使用过的绳子，需要去掉，全部重新绑。

结果位置

葡萄的花芽虽遍布枝条整体，但花芽与叶芽之间没有区别。如果把枝条修剪得过短，新长出来的枝条会很长，这可能导致结果情况变差，需要注意。

1 修剪顶端附近的枝条

1 将枝条顶端朝向设定的方向，为了防止枝条枯萎，留下 5~9 个芽后剪短。

2 修剪枝条后，用绳子先将顶端固定好。

3 枝条顶端没有空间时，可以将顶端剪短，腾出空间。

2 剪短枝条

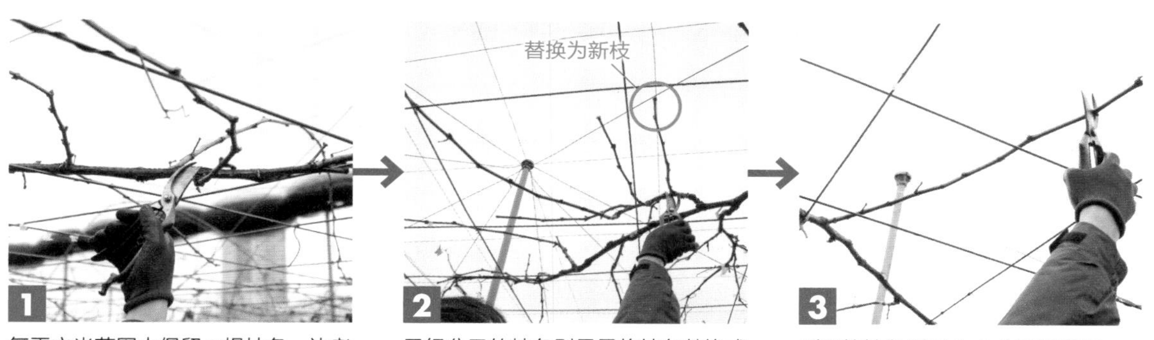

1 每平方米范围内保留 2 根枝条。边考虑空间边决定要保留的枝条，不需要的枝条则从基部将其剪去。

2 已经分叉的枝条则尽量将枝条替换成新枝，将旧枝剪去。

3 剩下的枝条留下 5~9 个芽后剪短。

3 牵引枝条

1 修剪后枝条变得清爽之后，将枝条牵引到架子上。

2 将绳子等固定到架子上。

3 固定好所有的枝条就可以了。冬季枝条会显得稀疏，到了夏季枝叶便会繁茂了。

猕猴桃

猕猴桃科猕猴桃属

要点

- 猕猴桃树有雄雌树之分，雌树雄树要同时栽培。
- 需搭架子，种成棚架扇形或一干两蔓形。
- 猕猴桃采收要赶在猕猴桃成熟之前，放几天熟了就可以吃了。

资料

难度▶中等

高度▶枝干高 2 米左右

树形▶棚架扇形等　性质▶落叶藤本

是否需要授粉树▶需要

耐寒气温▶ -7℃　土壤 pH ▶ 6.0~6.5

花芽位置▶遍布枝条

■特征

猕猴桃抗虫害强，是比较容易栽培的果树。猕猴桃分雌树和雄树，需要同时栽培雌树和雄树才能够结果。不同品种果肉颜色不同，有红色、黄色、绿色，需要根据雌树开花时间选择相应的雄树。

藤蔓能延伸很长，需要将其架在 3 米左右的架子上。可以将雌树和雄树栽在各自的对角线上，采用一干两蔓树形，这样架子下面的空间便可加以利用。

■栽培月历

1月	2月	3月	4月	5月	6月	7月	8月	9月	10月	11月	12月
			定植								
		牵引									
		人工授粉									
			摘心				疏枝				采收
		修剪				疏果					
		施肥									

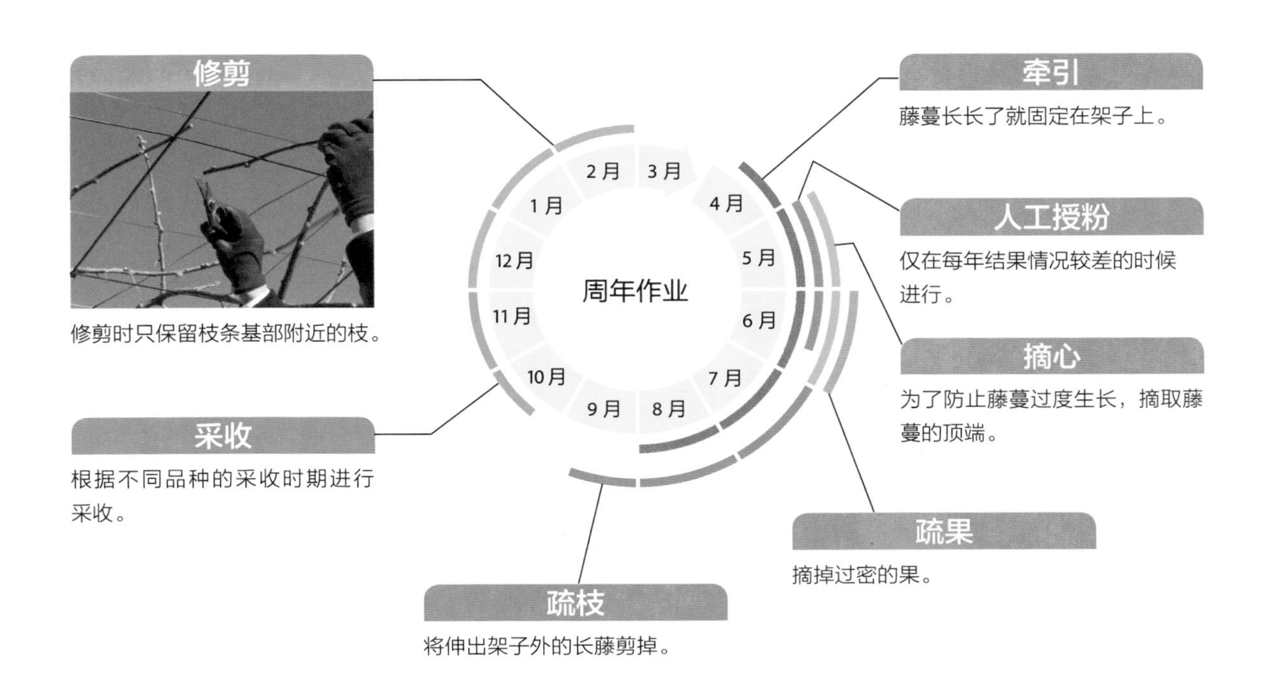

定植……11~12月、2月中旬~3月

定植要点

挖1个深度和直径为50厘米的坑，在挖上来的土里混入腐殖土。如果是一干两蔓树形，就将树栽在架子中央，如果是棚架扇形树形，就栽在架子的支柱附近。

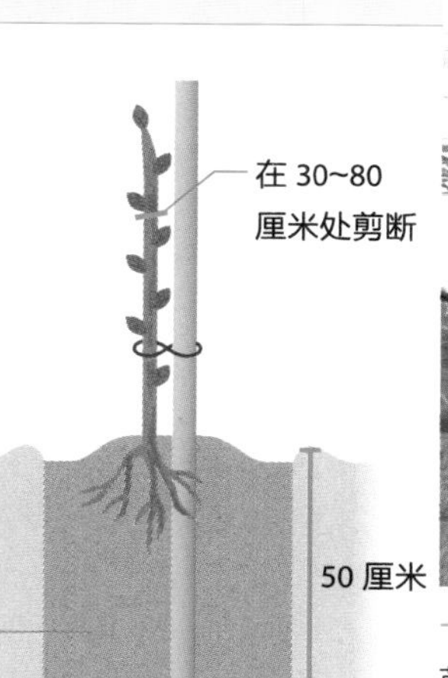

一干两蔓树形

苗木栽培约4年之后就可以将树牵引到架子上。如果是一干两蔓树形，在3米^{2}范围内留下6~8根枝条作为主枝。枝条尽量不断更新，保持枝条是新枝的状态。

施肥……2月、6月、10月

施肥要点

冠幅直径1米以内的果树，在2月施130克猪油渣，在6月和10月各施30克化肥。

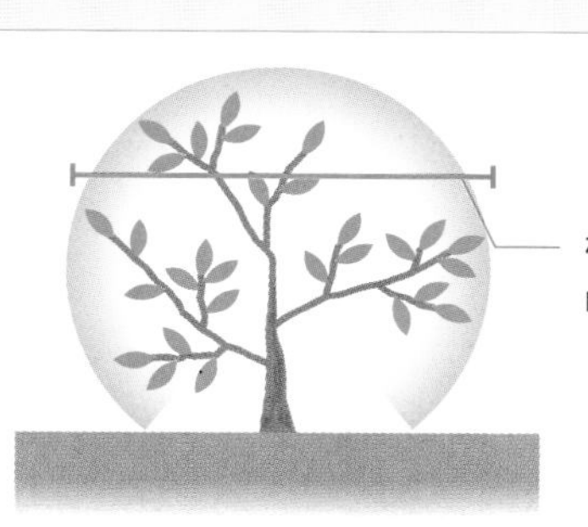

在枝叶延伸范围内均匀地施肥。在6月和10月根据枝叶的情况调整施肥量。

◉推荐品种

品种名称		采收时期				特征
		5月	6月	10月	11月	
雌树	红妃					果实较小，重约90克。果色中心为红色，甜度高，较受欢迎
	Golden King（黄金王）					果实重约150克，果实较大。果肉为黄色，稍带酸味
	海沃德					果实重约120克。果肉为绿色，市面上销售的大多数猕猴桃都是这个品种
雄树	早雄					常作为果肉为红色的猕猴桃品种的授粉树。另外，洛基也是雄树，可作为代用品种
	孙悟空					常作为果肉为黄色的猕猴桃品种的授粉树。另外，洛基也是雄树，可作为代用品种
	陶木里					常作为果肉为绿色的猕猴桃品种的授粉树。另外，马图阿也是雄树，可作为代用品种

1 牵引 4月中旬~8月

猕猴桃枝条呈藤蔓状延伸，为了防止风把枝条折断，应牵引到架子上。新长出来的枝条应均匀地分布在日照较好的地方，并加以固定。

如果强硬地将枝条拉到架子上，有可能出现断枝的情况，新长出来的枝条，等到长到30厘米左右再牵引到架子上。牵引时应设想枝条延伸的方向来决定枝条的方向。

为了避免断枝，应将枝条降低到架子附近并用绳子固定。

每长出新枝都要牵引到架子上，固定的位置之间保持50~70厘米的距离。

新长出来的枝条一般都要剪掉，如果要在冬季用来替换旧枝，即可将新枝保留下来，牵引到架子上。

弯曲枝条，注意不要折断，将枝条用绳子固定在架子上。

因为更新的枝条在主枝附近，这时和其他的枝条有一些重叠也是可以的。

2 人工授粉 5月~6月中旬

一般是昆虫授粉，不需要人工授粉。每年结果情况较差时或想确保授粉时可以进行人工授粉。

雄花

雄花上只有雄蕊。授粉时应选择雄蕊顶端已经开放的花。

雌花

雌花中心像海葵一样，长着白色的雌蕊。

1 摘取雄蕊顶端已经开放的雄花。如果顶端没有开放或已经变色的花朵就不要用了。

2 选择没有变色的、新开的雌花。将摘下的雄花的雄蕊在雌花的雌蕊上擦拭。

3 摘心 5~6月

为了防止枝条延伸过长，要对枝条顶端进行摘心。通过摘心能够改善果树的通风和日照，也能够防止养分分散。

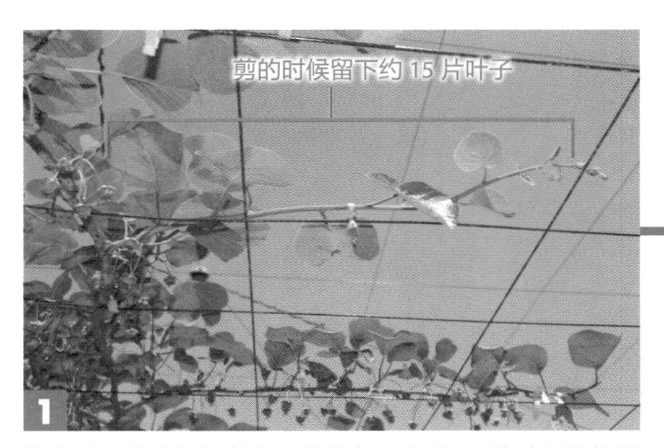

1 摘心时，从枝条的基部开始算起，在约 15 片叶子的位置摘心。从枝条再延伸出来的枝条上的叶子不算入其内。

2 用手摘或用剪刀剪都可以。

4 疏果 6月

与其他果树相比，猕猴桃几乎不会落果，所以需要疏果来让留下来的果实变大、变甜。不要一下子都把多余的果实摘掉，建议分 2 次进行。

1 个位置一般长 2~3 个果实，疏果时 1 个位置保留 1 个。

1 个位置留 1 个果

1

2

用剪刀优先将果形较差的或较小的果剪掉。

3

其他的位置也同样进行疏果，1 个位置只保留 1 个。这是第一次疏果。

4

第二次疏果，以 5 片叶子 1 个果的叶果比进行疏果。选择果形较差的果摘掉。第一次疏果应在 6 月中旬之前，第二次疏果可选择在 6 月下旬之前。

5 疏枝 7月~9月中旬

长势过好，伸出架子外面的枝条会影响日照，消耗养分，因此应从枝条基部将其剪去。

1 伸出架子外的枝条，除了用于更新的枝条，其他的需要疏枝。

2 使用锯将枝条从基部切去。

3 朝上延伸的较小的枝条，用剪刀等剪去。

4 疏枝后会较清爽，日照也能变好。

6 采收 10月中旬~11月

猕猴桃与其他果树不同，无法根据外观判断是否成熟。另外，采收时果实还未成熟，采收后将其与苹果一同放入塑料袋中变熟。

1 果肉为红色的品种在10月中旬左右采收，黄色的品种在11月上旬左右采收，绿色的品种在11月中旬左右采收。

2 采收时，用手握住果实往上提便可摘下。采收后和苹果一同放在塑料袋中，放在阴凉处保存，大概6~12天就能食用。

7 修剪 12 月 ~ 第二年 2 月

猕猴桃的花芽遍布枝条，修剪时只需将枝条剪短。结果的和没有结果的枝条的修剪位置不同。修剪后需将枝条牵引到架子上。

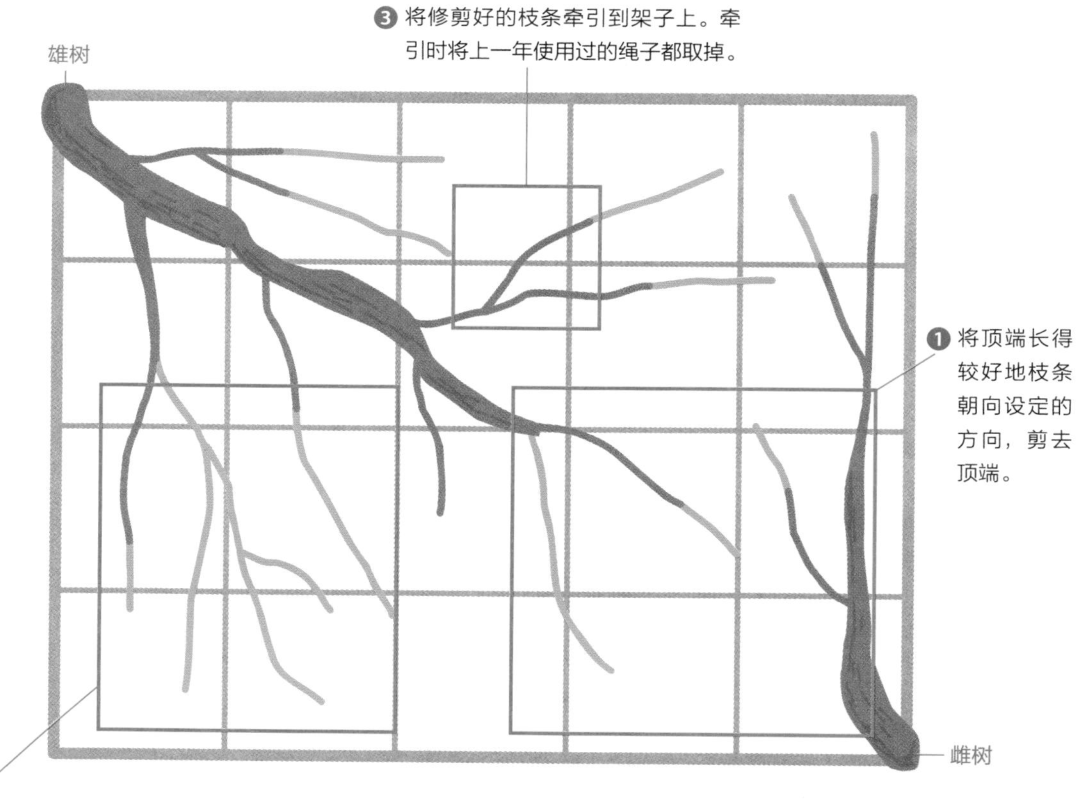

➔ 修剪步骤

❶ 整理顶端附近的枝条

先定下主枝等决定树形的枝条，然后从顶端附近开始修剪。首先决定好枝条延伸的方向，然后拉直后剪去顶端。

❷ 修剪枝条

以每平方米保留 2 根枝条的标准来疏枝。剩下的枝条的修剪方法分别是：果肉为绿色的品种保留 5~7 个芽（已采收过的枝条）或 9~11 个芽（新长的枝条）；其他品种保留 3~5 个芽（已采收过的枝条）或 7~9 个芽（新长的枝条）。

❸ 牵引枝条

修剪后，将枝条牵引到架子上。将每根枝条分布在设定的方向上，用绳子固定在架子上。上一年修剪或夏季牵引时使用过的绳子需要去掉，重新绑。

结果位置

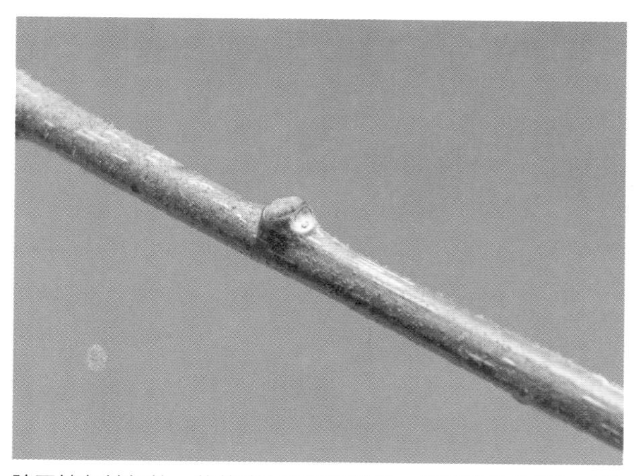

除了枝条基部外，花芽遍布在枝条整体。猕猴桃的花芽和叶芽没有区别。即使将所有枝条的顶端剪短也能够结果。

1 整理顶端附近的枝条

1 设想一下树形，在枝条延伸方向上留 7~11 个芽后剪短。

2 为了防止修剪后枝条枯萎，修剪位置应在芽与芽之间。

2 剪短枝条

1 长有短枝的枝条，留下 3~7 个芽后将其剪短。用剪刀将短枝从基部剪去。另外，如果是分叉的枝条则要在其枝干基部将旧枝替换为新枝。

2 没有短枝的（枝干上会有一些小分枝）枝条留下 7~11 个芽后剪短。注意不要剪得太短，否则会促生长枝。

3 考虑空间选择留下的枝条，剪去不要的枝条。

3 牵引枝条

1 修剪后枝条比较稀疏后，将枝条用绳子固定在架子上。

2 固定好枝条后就完成了。冬季会很稀疏，到了夏季就会长满叶子了。

柑橘类

芸香科柑橘属

要点

- 柑橘类有很多种类，几乎所有柑橘类都不需要授粉树。
- 柑橘类有隔年结果的现象，因此需要疏果。
- 需要做防寒措施。

资料

难度▶中等　　高度▶3 米左右

树形▶自然开心形　性质▶常绿高木

是否需要授粉树▶不需要

耐寒气温▶ -7~-3℃（各个品种不同）

土壤 pH ▶ 6.0~6.5

花芽位置▶枝条顶端附近

■特征

柑橘类有很多品种，颜色、形状、采收时期各异。

基本的特征各个品种都相同，但是需要特别注意防寒。柠檬和柚子等的耐寒气温是 -3℃，温州蜜柑、八朔（日本的柑橘品种）、橙子类为 -5℃，臭橙和酸橘为 -6℃，香橙（日本柚子）为 -7℃。因此，应根据栽培地区温度采取防寒措施。柑橘类的各个品种，除了采收时期不同，其他的工作都相同，可以根据当地人的喜好选择品种。

■栽培月历

1月	2月	3月	4月	5月	6月	7月	8月	9月	10月	11月	12月
			定植								
					人工授粉						
						疏果		采收（柠檬）			
	防寒措施										
			修剪								
		施肥									

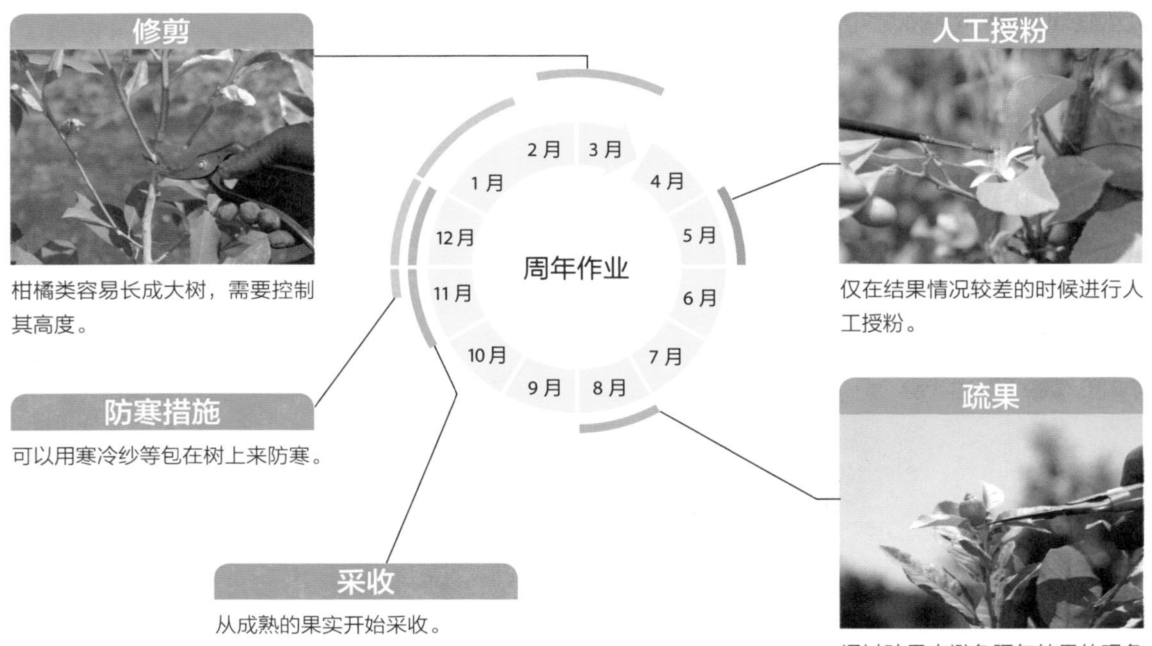

修剪

柑橘类容易长成大树，需要控制其高度。

人工授粉

仅在结果情况较差的时候进行人工授粉。

防寒措施

可以用寒冷纱等包在树上来防寒。

疏果

通过疏果来避免隔年结果的现象出现。

采收

从成熟的果实开始采收。

定植………2月下旬~3月

定植要点

定植前先挖1个深度和直径约50厘米的坑，在挖上来的土里混入腐殖土。因为柑橘类不耐寒，应在2月下旬后再定植。寒冷地区应在3月下旬开始。

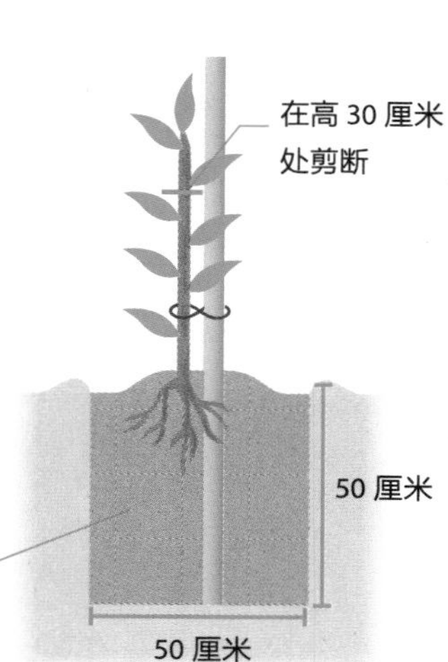

培养成自然开心形树形

定植前应从要剪去的枝条中选择3~4根作为主枝，通过3~5年时间将其培养到3米高。选择主枝时，应均匀地将主枝分布在横向延伸的枝条之中，避免果树过高。

施肥………2月、6月、11月

施肥要点

冠幅直径1米以内的树，在2月施300克猪油渣、6月施45克化肥、11月施30克化肥。

肥料应均匀地施在枝叶延伸范围内。在6月和11月根据枝叶的状态调整肥料用量。

◉ 推荐品种

品种名称	采收时期								特 征
	10月	11月	12月	1月	2月	3月	4月	5月	
香橙									果实重约120克，香橙类也包括酸橘
温州蜜柑									果实重约120克，不同品种的采收时期不同
柠檬									果实重约150克，不抗寒，耐寒气温为-3℃
金橘									果实重约20克，可以连皮吃
柚子									果实重约500克，较大，耐寒气温为-3℃
日本夏橙									果实重约400克，初夏可以采收

1 人工授粉 5月

仅在每年结果情况较差时或想确保授粉时需要进行人工授粉。像温州蜜柑等没有籽的品种，人工授粉后会有籽，需注意。

大多数品种不需要授粉树，不过八朔蜜柑、日向夏蜜柑、柚子、晚白柚则需要授粉树。

使用干燥的画笔，在同一朵花的雄蕊和雌蕊之间来回擦拭。需要授粉树的品种，需要收集授粉树的花粉再授粉。

2 疏果 8月

柑橘类容易发生隔年结果的情况，需要摘掉过密的果实。1个果实对应的叶子数量请参照下表。

叶子数量是以果实的大小为基准的，以叶子数量作为参考，摘掉过密的果实。

以柠檬为例，1个果实对应25片左右的叶子，以此为基准去除果形差的、小的果实。

注意！

果实和叶子数量的比例

将果实和需要的叶子数量的比例称为“叶果比”。不需要准确去计算叶子的数量，这是一个大概的比例。果实越大，所需的叶子数量越多。

果实大小	主要种类	叶子数量
金橘大小	金橘	8片
蜜柑大小	温州蜜柑、柠檬	25片
橙子大小	日向夏蜜柑、八朔蜜柑	80片
柚子大小	柚子、日本夏橙	100片

3 采收（以柠檬为例） 11~12月

采收时需根据种类和品种选择最合适的采收时期，从已经着色的果实开始采收。不过，像酸橘和臭橙这种酸味和香味是特点的水果也可以在果实还是绿色的时候采收。

1 在各种类、各品种合适的采收时期，从已经着色的果实开始采收。

2 轻轻握住果实，用剪刀剪下。

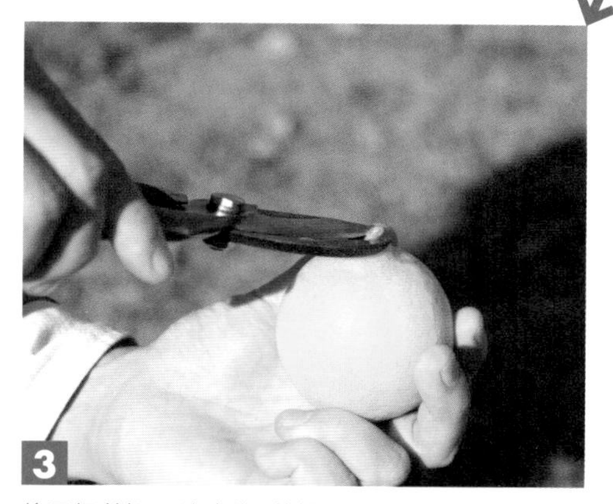

3 将果柄剪短，防止伤到其他的果实。

注意！

确认不同种类和品种的采收时期

不同种类和品种的柑橘类的采收时期是不同的，采收时需从已经着色的果实开始。日本夏橙等在12月左右就开始着色，但这个时候酸味较强，需等到春季再采收。

4 防寒措施 11月下旬～第二年2月上旬

树苗还小的时候或是在最低气温低于耐寒气温的地区，需要采取防寒措施。

1 如果低温低于果树的耐寒气温则会出现上图中树叶枯萎的情况。

2 可以使用寒冷纱等覆盖在果树表面来防寒。

5 修剪 2月下旬~3月

柑橘类果树容易变得较大，需要在果树较小的时候控制果树的延伸。

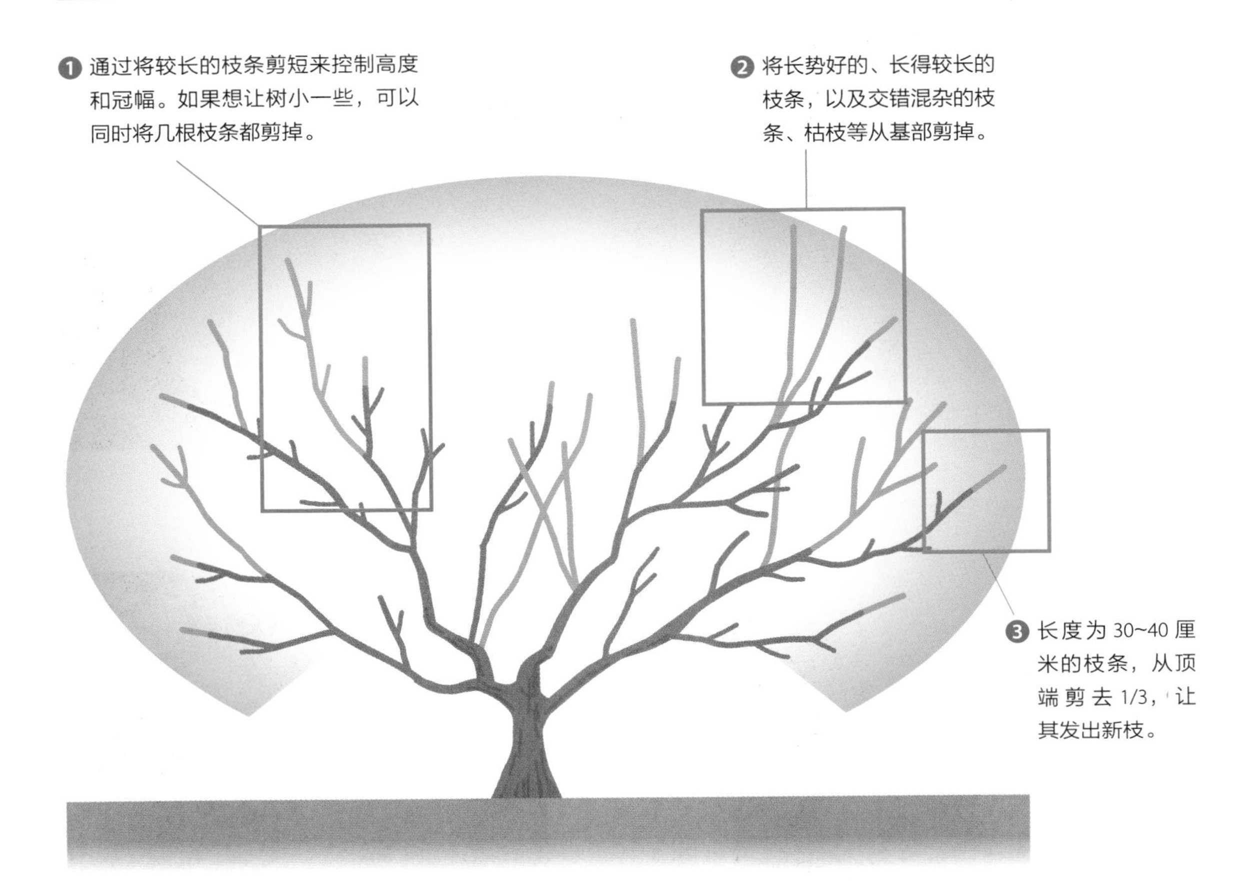

修剪步骤

❶ 控制高度和冠幅

对已经分叉的枝条从枝条基部将其剪掉来控制果树的高度和冠幅。可以同时修剪5根，注意修剪位置不要选在枝条中间，否则可能出现枯萎的情况。

❷ 疏枝

将长势好的、长得较长的枝条，及交错混杂的枝条、枯枝等从基部剪掉，改善通风和日照。将破坏树形的枝条清理掉，这个阶段在一定程度上修剪出树形。

❸ 剪去长枝顶端

长度为30~40厘米的长枝，剪去顶端约1/3的长度，让枝条长出更多的新枝。长度在20厘米以下的枝条，一般果实结在枝条顶端，这种长度的枝条一般先不剪短。

结果位置

几乎所有的柑橘类的花芽都是在枝条顶端，在花苞出现前花芽和叶芽无法区分。因此不剪短长度在20厘米以下的枝条。

1 控制高度和冠幅

在高 50 厘米以上的枝条中，从枝条基部剪去分叉枝。

从枝条基部剪去，控制冠幅。

修剪枝条能够帮助我们判断树形，以便决定下一个修剪的目标。

2 疏枝

将混杂的枝条从其基部剪去。

日照和通风得以改善，能够预防病虫害。

柑橘类果树大多有刺，去掉刺也不会影响结果，时间充裕的可以将刺剪掉。

3 剪去长枝顶端

把 30～40 厘米的长枝顶端剪短。

从顶端开始剪去枝条 1/3 的长度，修剪位置是在叶子基部。

到了第二年，新的枝条便会从修剪完剩下的叶子基部长出来。

苹果

蔷薇科苹果属

要点

- 苹果结果有大小年的情况，也称为隔年结果，因此需要对其进行疏果。
- 栽培授粉树，用不同品种的花给苹果人工授粉。
- 苹果树的枝条容易横向发展，需要用绳子牵引。

资料

难度▶中等　高度▶ 2.5 米

树形▶变则主干形　性质▶落叶高木

是否需要授粉树▶需要

耐寒气温▶ −25℃　土壤 pH ▶ 5.5~6.5

花芽位置▶短枝顶端

■特征

苹果树耐寒，如果注意雪天天气管理，也可以在日本北海道地区栽培。从夏季到秋季气温较高的地区，苹果树可能出现结果不理想或者果色不佳、果肉变软的情况。

靠自身授粉的苹果树的结果情况较差，可以选择亲和的品种作为授粉树。还可以通过人工授粉来确保授粉，同时疏果还能帮助苹果树每年都结果。

苹果树较高，因此需要将其树形培养成变则主干形，令其枝条横向发展。

■栽培月历

1月	2月	3月	4月	5月	6月	7月	8月	9月	10月	11月	12月
			定植								
				人工授粉							
					疏果、套袋						
							采收				
		修剪									
		施肥									

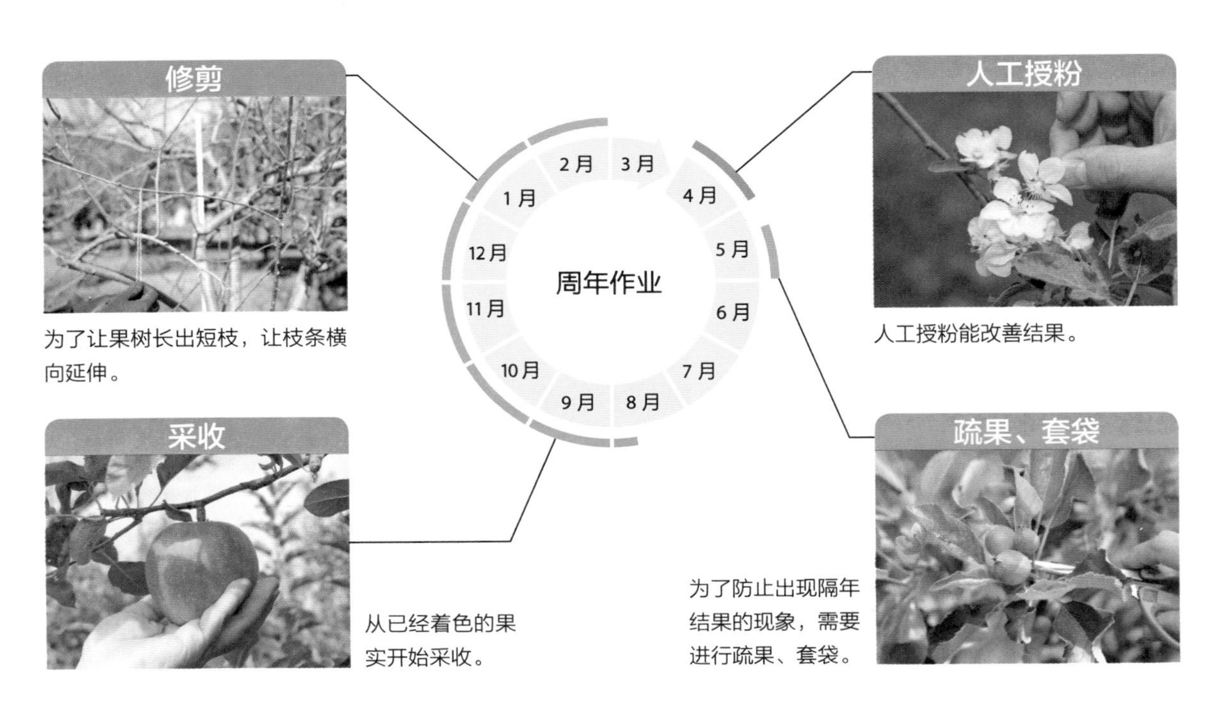

为了让果树长出短枝，让枝条横向延伸。

人工授粉能改善结果。

从已经着色的果实开始采收。

为了防止出现隔年结果的现象，需要进行疏果、套袋。

定植………2月中旬~3月、11~12月

定植要点

定植前先挖1个深度和直径约50厘米的坑，在挖上来的土里混入腐殖土。为了让根能够向下延伸，树坑至少要50厘米深。另外，要在果树附近栽培授粉树。

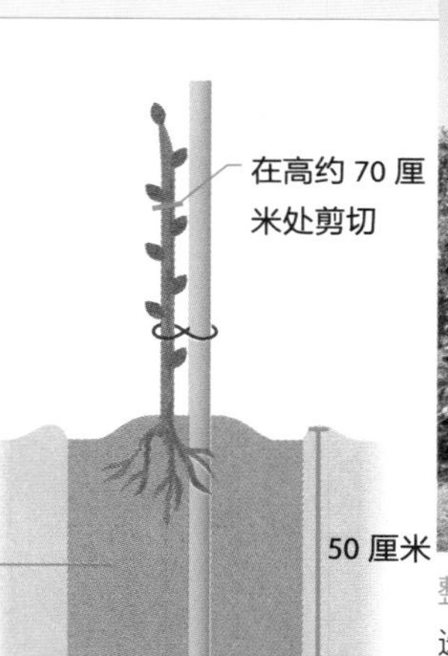

整形修剪成变则主干形树形

选择4~6年的苗木，修剪中心的枝条使其高度控制在3米以内。培育多根主枝，出现枝条朝上方延伸时用绳子使其保持水平方向。

施肥………2月、5月、10月

施肥要点

冠幅直径1米以内的树，在2月施150克猪油渣、5月施45克化肥、10月施30克化肥。

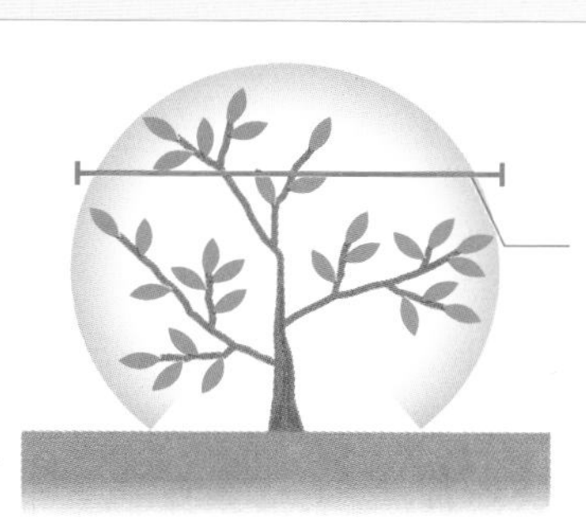

肥料应均匀地施在枝叶延伸范围内。在5月和10月根据枝叶的状态调整肥料用量。

◉ 推荐品种

品种名称	采收时期				特征
	8月	9月	10月	11月	
津轻	■	■			果实重约300克。果实为红色，结果情况佳，但是温暖地区着色不理想
秋映		■	■		果实重约300克，果实为深红色。在温暖地区着色情况也不错
阿尔卑斯少女		■	■		果实重约70克，果实为深红色。果味甜，易结果。在众多迷你苹果中是比较受欢迎的品种
信浓金			■		果实重约300克，果实为黄色。味道酸甜可口，保存时间长
富士				■	果实重约300克，果实为红色。甜度高，糖心，很受欢迎
澳洲青苹果				■	果实重约300克，果实为黄绿色。适合用来烹饪，加热后果肉变软

1 人工授粉 4月

栽培授粉树，为苹果树进行人工授粉能帮助苹果树更好地结果。不同品种有各自的遗传特性，选择授粉树时可以参照下表。

1 个花芽上一般开约 5 朵花，其中中心的花较早开，后期往往会成长好的果实。

开花后，选取雄蕊顶端变成较暗颜色的花朵。将摘下花朵的雄蕊擦拭在其他品种的花朵上。1 朵花大概能给 20 朵花授粉。

注意！

亲和的授粉组合

品种的遗传特性对于人工授粉来说非常重要。如果不亲和，即使人工授粉，也是无法结果的。授粉树的开花期即使相近，如果两者不亲和，授粉也不会成功。另外，维纳斯黄金无法充当授粉树。栽培授粉树时建议参照下表。

雌蕊＼雄蕊	津轻	世界一号	秋映	阿尔卑斯少女	乔纳金	信浓金	富士	澳洲青苹果
津轻	×	○	○	○	×	○	○	○
世界一号	○	×	○	○	×	○	○	○
秋映	○	○	×	○	×	×	○	○
阿尔卑斯少女	○	○	○	×	×	○	×	○
乔纳金	○	○	○	○	×	○	○	○
信浓金	○	○	×	○	×	×	○	○
富士	○	○	○	×	×	○	×	○
澳洲青苹果	○	○	○	○	×	○	○	×

2 疏果 5月中旬~5月下旬

疏果后果实会变大、变甜。特别是富士等品种会出现隔年结果的现象，疏果有益于结果。

疏果后，使果和叶的比例为1个果对应50片叶。

用剪刀剪去带伤的和较小的果。

3 套袋 5月中旬~5月下旬

疏果后将袋子罩在果实上来防虫害。这是虫害多发时的必要工作。

在疏果后给果实罩上袋子来防止虫害，这是最理想的。

罩上袋子后，用铁丝固定，防止雨水进入。

4 采收 8月下旬~11月

采收时从成熟、已经着色的果实开始采收。为了让果实着色，可以提前去掉袋子，采收时期较早的品种提前1周、普通的提前两周、采收时期较晚的提前3周摘掉袋子。

去掉袋子2周后，从已经着色的果实开始采收。

采收时将果实托起摘下。温暖地区着色不明显，还需要尝一下味道。

5 修剪 12 月 ~ 第二年 2 月

修剪能让苹果树多长出短枝，短枝是结果的关键。使枝条位置接近水平，过长的枝条则从基部剪去。

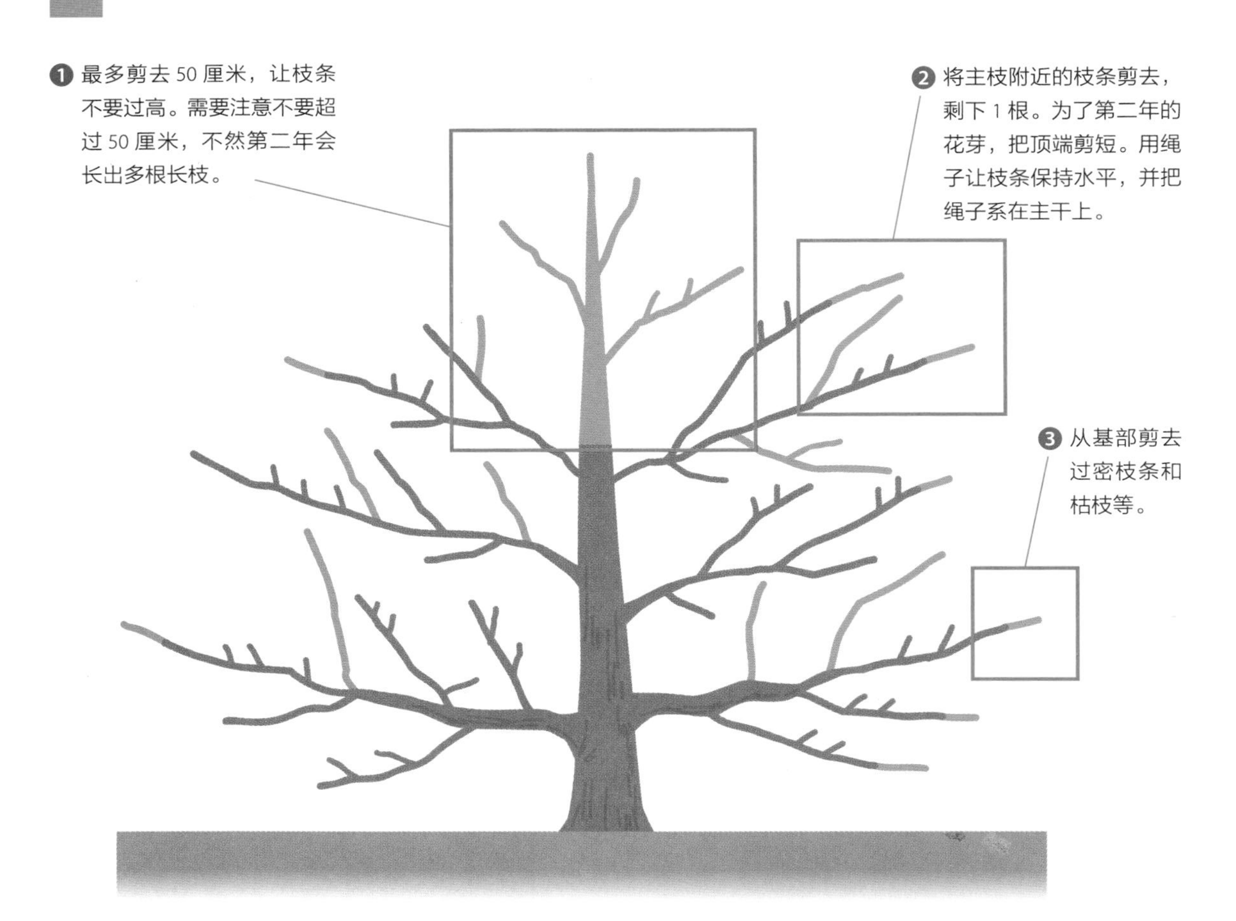

➔ 修剪步骤

❶ 控制高度

从顶端开始剪去大约 50 厘米来控制果树高度。如果果树横向延伸过度，同样也是剪去过长的枝条，剪的时候需要在分叉处的基部剪去。

❷ 整理顶端附近的枝条

主枝附近会长出多根长枝，只留下决定果树形状的那一根，其他的剪掉。之后，为了让果树长出有助于结果的短枝，需要将顶端剪去 1/4。用绳子使枝条保持水平，固定在主干上。

❸ 疏枝

将枯枝、过密枝条、弱枝等剪掉，改善果树日照和通风。去掉破坏果树形状的枝条，给果树塑形。

结果位置

苹果的花芽长在枝条顶端，因为花芽与叶芽不同，能够边区分边修剪。除部分枝条以外，不要剪掉带花芽的枝条。

第2章

果树栽培的基本知识

掌握好各个环节的操作要点对于果树栽培来说十分关键。下面将详细介绍一些共性的操作方法。

栽培果树之前

市场里不会出现已经熟透的水果。这是因为完全熟透的水果容易受伤。如果我们在自己家里栽培果树，就能够吃到完全熟透的美味的水果。

在开始栽培果树之前，需要知道如何栽培果树，需要哪些操作。果树种类不同，其生长方式及所需要的操作也不同，首先来了解一下果树的性质及相关的操作。

落叶果树

落叶果树，秋季叶子着色，冬季落叶。在没有芽的季节里一直休眠，直到春季天气变暖再发芽。大多数落叶果树会在冬季休眠，其特征是耐寒抗冻。

冬季落叶的柿子树。

夏季枝叶繁茂的柿子树。

蓝莓树的美丽红叶。

常绿果树

一年四季都长叶子的树称为常绿果树，即使在冬季也会缓慢生长。常绿果树适合较温暖的地区，有些地方可能会因为冬季寒冷而出现枯萎的情况。

冬季枝叶繁茂并结果的金橘树。

冬季开花的枇杷树。

寒冷使得柠檬树叶枯黄。

●果树的生长、生育（青梅）

开花

长出枝叶

落叶

结果

果实长大

长花芽

2月	3月	4月	5月	6月	7月	8月	9月	10月	11月	12月	1月

人工授粉

疏枝

采收

修剪

疏果

●必要的工作（青梅）

果树的选择

选择果树时首先应了解栽培的环境，如日照、气温、通风情况等。特别要注意的是果树的耐寒性。如果栽培地的最低气温低于果树的耐寒气温，则可能导致果树枯萎。另外，有些果树只需要 1 株苗木，有些则需要相应的授粉树。需要授粉树的品种中有些是无法靠自身花粉结果的，有些是只开雄花或只开雌花的，这就需要我们将其和其他的品种或雄树栽培在一起。除了耐寒气温及授粉情况之外，还需要关注果树的高度，这也是选择果树时的一个要点。

不需要授粉树的类型

桃、柿子、柑橘类、葡萄、枇杷、黑莓等就属于这种类型。只需要 1 株苗木就能够结果。上图所示为桃花。

需要授粉树的类型　只开雄花或只开雌花

猕猴桃和柿子的一些品种就属于这种类型。如果不同时栽培雄树和雌树就无法结果。上图所示为猕猴桃的花。

需要授粉树的类型　靠自身花粉结果情况差

青梅、樱桃、蓝莓、苹果则属于这种类型。需要有 2 株树，1 株是要采收的品种，1 株是用于授粉的品种。上图所示为樱桃的花。

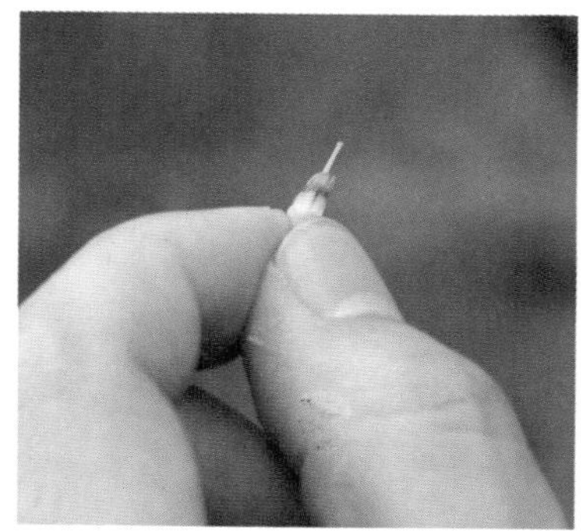

靠自身花粉结果情况差的果树，可以通过人工授粉来确保授粉。上图所示为蓝莓的人工授粉。

耐寒气温

果树能够承受的寒冷温度称为“耐寒气温”。如果地区最低气温低于果树耐寒气温则会出现果树枯萎的情况。可以选择耐寒性强的果树，或者如右图所示给果树保暖。

果树的耐寒气温

耐寒气温	果树名
-3℃	柑橘类（柠檬）
-5℃	柑橘类（温州蜜柑）
-7℃	猕猴桃
-13℃	枇杷、柿子
-15℃	青梅、桃、樱桃
-20~-10℃	蓝莓
-20℃	葡萄、黑莓
-25℃	苹果

果树高度和性质　高木

落叶高木

常绿高木

不修剪枝条的情况下长到 3 米以上的果树称之为高木，需要将其高度控制在 3 米以下。高木中落叶的称之为落叶高木，一年四季常绿的称为常绿高木。果树越大，收获越多，但是相应地需要更多的照料。

果树高度和性质　低木

庭院空间不足时可以种高度为 1.5 米左右的低木。果树较小，相应地照料也比较方便。与高木相同，有常绿和落叶两种类型。

果树高度和性质　藤本形

像葡萄等的枝条呈藤蔓状的称为藤本果树。枝条较为柔软难以直立，需要借助搭棚和篱笆将其枝条固定在上面来培育。

定 植

最适合定植的时期

落叶果树 11月~第二年2月（除去严冬时期）

常绿果树 2月中旬~3月

购入果苗后应在最适合的时期定植果树。不同果树有不同的定植时期，冬季落叶的落叶果树适合在 11 月 ~ 第二年 2 月定植，而常绿果树则适合在 2 月中旬 ~ 3 月定植。不过，落叶果树应当避免在严寒时期定植。如果能够在购入果苗后在最佳时期将其定植则最好，如果错过了定植最佳时期，可以先保持盆栽的状态，到了定植时期再进行转移。定植处的土壤酸度可以使用市面上销售的土壤酸度测试液来测定，并使用石灰等来调整酸度。定植后需要将果树培育成适合其生长的树形。

苗木的定植

1 用铲子在定植的位置挖一个直径和深度为 50 厘米的坑。

2 在铲上来的土里混入 20 升腐殖土。使用苦土石灰来调节 pH。200 克/米 ^{2} 苦土石灰可使 pH 上升 0.5。

3 取出苗木，将部分土壤填入坑中，使得苗木根部与地面高度相同。

4 高度到达之后，将挖上来的土返回坑里。

5 剪去苗木的顶端。剪去的长度应根据果树来调整，一般为 30~80 厘米。

6 给苗木立 1 根支柱，并用绳子固定。充分浇水后即完成。

果树树形的培育

各种枝干的名称

侧枝

从主枝、副主枝上延伸出来的枝条。部分侧枝上会开花结果。

副主枝

和主枝一样，塑造树形。从主枝延伸出来。

主枝

树形培育上关键的枝条。从主干中延伸出来，较粗。

主干

从根部到主枝间的较粗的枝干，位于中间。

自然开心形

把苗木剪短，使果树从较矮的位置长出 2~4 根主枝。用绳子将枝条拉低，牵引枝条斜向延伸。

◉ 适合该树形的果树：青梅、柑橘类、桃等

变则主干形

连续几年不剪短，等到长到一定高度再切去顶端，控制高度。

◉ 适合该树形的果树：柿子、樱桃等

丛生树形

果树从地面长出数根枝干，使枝干呈扇形发展。旧枝则从其基部剪短，更新为新枝。

◉ 适合该树形的果树：蓝莓等

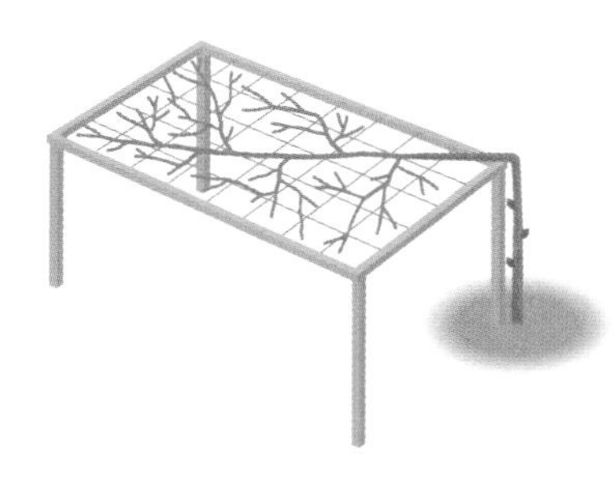

棚架扇形

将藤本果树牵引到棚架上的一种方法。苗木沿着架子的支柱定植，从而能够有效利用棚架下的空间。

◉ 适合该树形的果树：猕猴桃、葡萄等

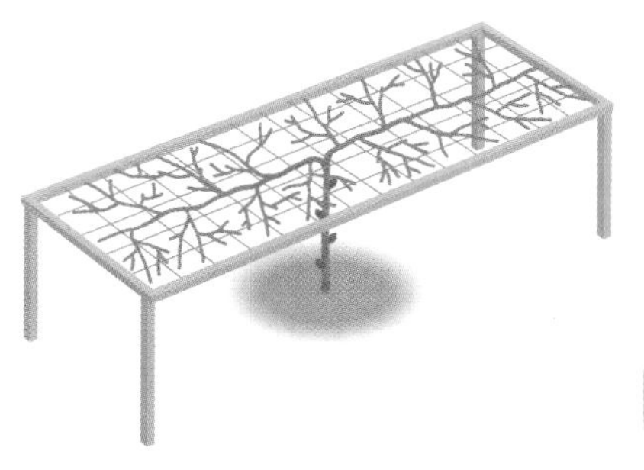

一干两蔓形

和棚架扇形一样使用棚架。将苗木种在架子中央，使枝条向左右延伸。

◉ 适合该树形的果树：猕猴桃、葡萄等

篱笆形

这是将枝条牵引到篱笆上的栽培方法。适合藤本果树。想用篱笆作为边界或处于绿化目的时可选择该树形。

◉ 适合该树形的果树：黑莓等

果实的管理 疏蕾、疏花

让养分有效集中是我们种出美味果实的关键所在。举例来说，同样条件的 2 株果树，1 株开五朵花，1 株开两朵花，后者因为养分更为集中，果实也就更大、更甜。

果树当中，像枇杷树，有些操作适合在花还是花苞的时候进行，这样更能使养分集中。其他的需要疏果的果树也是如此，在结果前，也就是花苞状态时摘掉也能够获得同样的效果。不过有时候花苞会由于自然原因出现掉落的情况，需要注意。

疏蕾、疏花①

花朵集聚在一起，形成一串花。摘掉上面部分，下面部分留下 2~3 枝。

轻轻提起要摘掉的部分，横向折断。

果柄上往往有较多花，长出果实后需要疏果。

疏蕾、疏花②

猕猴桃的花较难掉落，第一次可以以疏蕾来替代疏果。

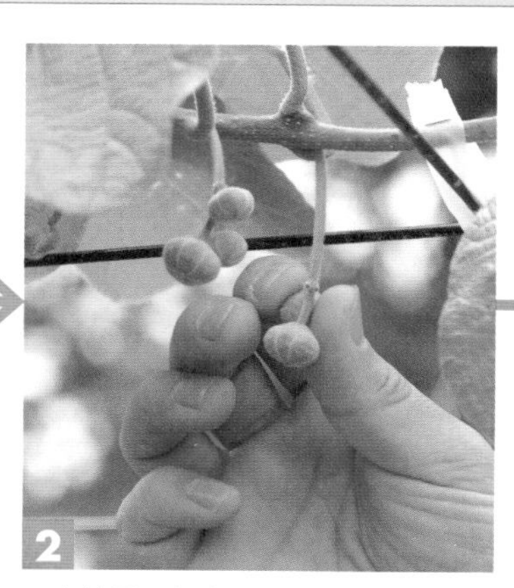

一个位置一般有 2~3 个花蕾，留下中间最大的，其他的都摘掉。

全部进行同样的操作，使得一个位置保留 1 个花蕾。结果后即可以进行疏果。

果实的管理 人工授粉

结果需要雄蕊上的花粉授粉到雌蕊上。花粉通常是通过风和昆虫来搬运的。根据媒介不同，通过风来搬运花粉的称为“风媒花”，通过昆虫来搬运花粉的称为“虫媒花”。另外，为确保授粉，通过人有意地帮助植物授粉的方式称为“人工授粉”。

自然授粉会受到气候等条件的影响。因此，有可能出现结果情况不佳的时候，造成采收不稳定。如果出现结果情况不佳，可以采取人工授粉的方式。

直接擦拭

1 选择雄蕊顶端已经打开的、带有花粉的花。

2 摘下花朵，拿着雄蕊顶端在雌蕊顶端擦拭。

借助画笔

用干燥的画笔在雌蕊和雄蕊之间来回擦拭。

用指甲搓出花粉

轻轻揉搓雄花，将花粉落在指甲上，再把花粉附着在雌花上。

果实的管理 疏果

在果实成长之前，摘掉几个果实来使养分集中，这样便能够培育出较大、较甜的果实，这就是疏果的目的。另外，有些果树有隔年结果的现象，通过疏果能够减轻果树负担，确保第二年的收获。

疏果的数量按照叶子和果实的比例来决定，称为“叶果比”。培育 1 个果实所需叶子的数量会因为果树不同而发生变化。不需要严谨地去数叶子的片数，掌握一个大概数量即可。

疏果 猕猴桃

1 个位置一般结 2~3 个果实，只保留 1 个果实。

用剪刀先剪掉形状不佳或较小的果实。

其他的果实也是同样的操作，1 个位置只保留 1 个果实。

按照 1 个果实和 5 片叶子的比例进行疏果。

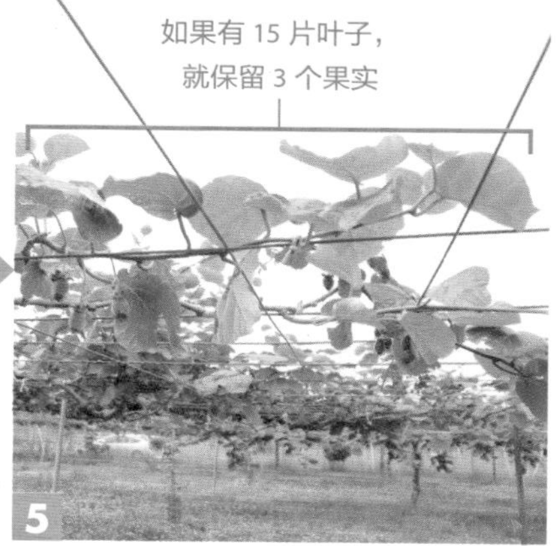

如果枝条上有 15 片叶子，就保留 3 个果实。

1 个果实相应的叶子数量

果树	叶子数量
柿子	25片
柑橘类（约20克以下）	8片
柑橘类（约130克）	25片
柑橘类（约200克）	80片
柑橘类（400克以上）	100片
猕猴桃	5片
枇杷	25片
桃	30片
苹果	50片

果实的管理 套袋、采收

为了防止伤痕、病虫害和鸟的啄食，需要给果实罩上袋子。套袋的操作在疏果之后进行，用铁丝将袋口封紧，防止雨水进入袋中。袋子一般用市面上销售的即可，根据所栽培的果树大小来选择。如果使用非专用的袋子，可能会因为下雨出现袋子破裂或闷坏果实的情况，最好选择市面上销售的用于罩果实的袋子。

除了一部分果树外，果实采收时从已经着色的成熟的果实开始。另外，如果是根据采收时期来判断，可以先尝一下味道。

套袋

1 使用市面上销售的果袋，从下往上套。如果没有适合正在培育果树的果袋，选择大小相近的果袋即可。

2 用袋子附带的铁丝将袋口封紧，防止雨水进入。

采收

根据着色情况判断采收时期，采收时将果实往上提起。

用剪刀剪去果柄

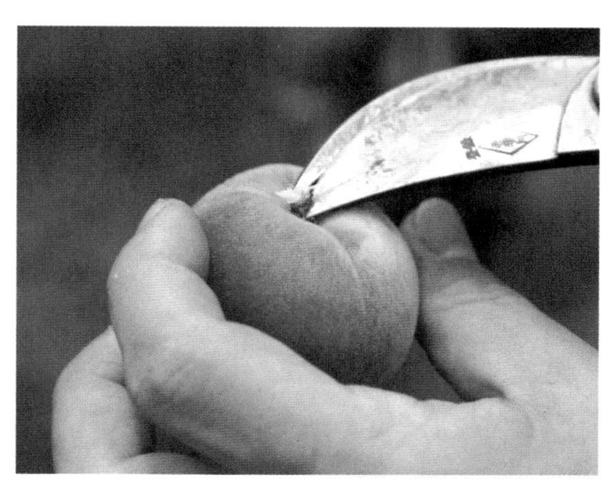

像桃等水果，如果不剪去果柄，果柄会伤到其他的果实，提前将果柄剪去。

枝干的管理 疏枝、摘心

一般修剪是在冬季进行，但是如果枝条过于繁茂，导致日照和通风变差的情况，也不用等到冬季。提前修剪枝条也能够减轻冬季修剪的负担。

摘心能够防止枝条延伸过度。摘心即剪掉或摘掉枝条的顶端。枝条延伸过度会导致养分集中在枝条的生长上，通过摘心能够使养分集中在花、果实和第二年结果用的枝条上。剪去的长度根据果树的种类进行调整。

疏枝

枝叶混杂的位置，挑选当年刚长出来的绿色枝条，从基部剪去。

剪去枝条，使叶子不会相互重叠即可，以此来改善通风。有了足够的枝条，第二年便容易开花。

摘心

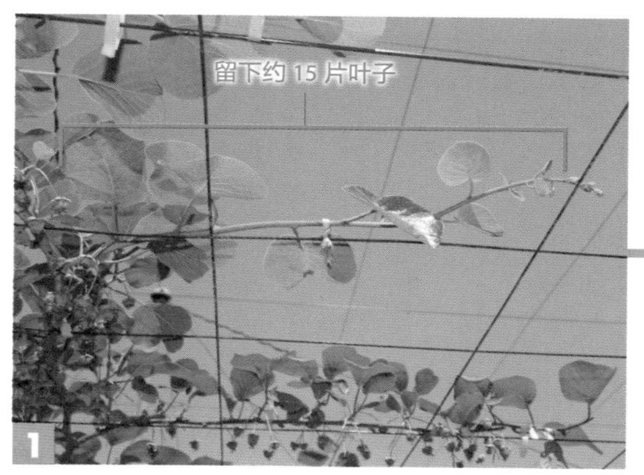

从基部开始算起，在 15 片叶子左右的位置给枝条摘心。从枝条再延伸出来的枝条的叶子不算。

用手摘或用剪刀剪去枝条顶端。

枝干的管理 牵引

牵引是将藤蔓状的枝条固定在篱笆和架子等支柱上的操作。和将苗木用支柱定植是一个道理。像葡萄等枝条为藤蔓状的果树，可以通过冬季的修剪在一定程度上先决定枝条延伸的方向，平均地调整已经延伸的枝条的位置，尽量使其与周围的枝条不重叠。

将枝条和支柱绑在一起的时候使用麻绳。将麻绳挂在枝条上，打一个“8”字后将绳子系在支柱上。“8”字能够使枝条不容易挪位，且枝条变粗的时候绳子也不会嵌入枝条里面。打结的方法只要能解开就可以了。

牵引到篱笆上

1 延伸的枝条开始变得密集时，固定枝条时应考虑枝条的分布，避免枝条纠缠在一起。

2 将枝条和支柱用绳子固定，绳子绕一个“8”字。绑成“8”的时候，注意不要过紧，避免绳子嵌入枝条内部。

牵引到架子上

1 不要强行将枝条架在架子上，枝条有可能会因此被折断。等新长出来的枝条延伸约 30 厘米后再将其牵引到架子上。牵引时，提前设定枝条的延伸方向来决定牵引的方向。

2 将枝条拉近架子，用绳子固定。每个固定的位置相隔 50~70 厘米。

3 牵引后去掉藤蔓。枝条每次延伸时进行同样的操作即可。

枝条的修剪　修剪的目的

剪掉枝叶称为修剪。修剪果树的枝条能使果树保持在方便管理和容易结果的健康状态。

修剪有四大目的，分别是控制高度和冠幅、让枝条重新焕发生机、改善日照和通风、防止病虫害。修剪枝条时，首先要控制果树高度和冠幅，使果树整体缩小。接着要从基部剪去混杂的枝叶，来改善日照和通风，让枝条重新焕发生机。最后要将长枝顶端剪去，整形。

修剪步骤

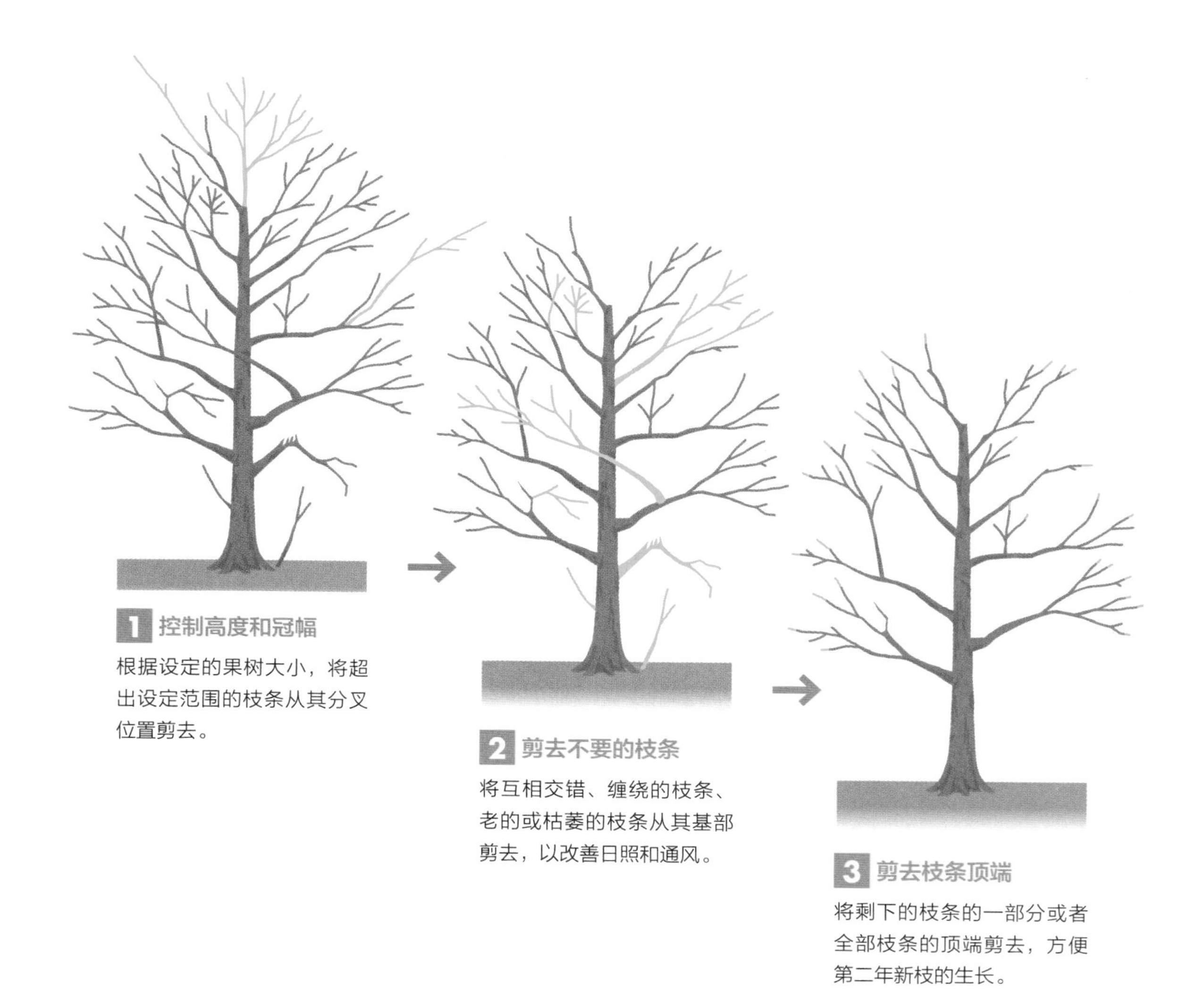

枝条的修剪 修剪的基本知识

● 适合修剪的时期
落叶果树 12月~第二年2月
常绿果树 2月中旬~3月（枇杷是9月）

修剪枝条时需要讲究技巧。如果在枝叶生长旺盛期修剪，有可能在切口处又长出很多枝条，或者切口处难以闭合，导致果树枯萎瘦弱。因此，无论是落叶果树还是常绿果树，应在枝叶和根成长缓慢的时期修剪。

落叶果树在落叶后果树停止生长的12月~第二年2月最为合适。常绿果树在冬季也会缓慢地生长，因此可以选择在气温回暖的2月中旬~3月修剪。

修剪时期

落叶果树：12月~第二年2月

落叶果树应在停止生长的时期修剪。落叶后更容易看到枝条，方便修剪。

常绿果树：2月中旬~3月（枇杷在9月）

常绿果树应选在生长迟缓的时期修剪。如果在寒冷季节修剪，可能会出现枯萎的情况。

不要剪掉过多

粗的枝条如果修剪过多，则会像图中一样长出很多枝条。基本上修剪长度控制在50厘米以内，花几年的时间慢慢剪短。

愈合促进剂

病原菌有可能通过切口进入果树，如果切口直径大于2厘米，最好是在切口涂上市面上销售的愈合促进剂。

枝条的修剪 ① 控制高度和冠幅

果树每年都会纵向或横向延伸，如果不修剪，果树会越来越大。修剪时，需要先设定修剪后果树的大小。第一步即根据设定的大小，大致地修剪枝条。

修剪时一般是在枝条分叉的位置，从其基部将枝条剪去。如果在枝条中间剪切，则可能出现从切口开始枯萎的情况。另外，如果想让整株树变小，需注意修剪长度不宜过长，否则会长出很多又粗又长的枝条，每次修剪的长度应控制在 50 厘米以内，花上几年的时间逐渐修剪。

控制高度

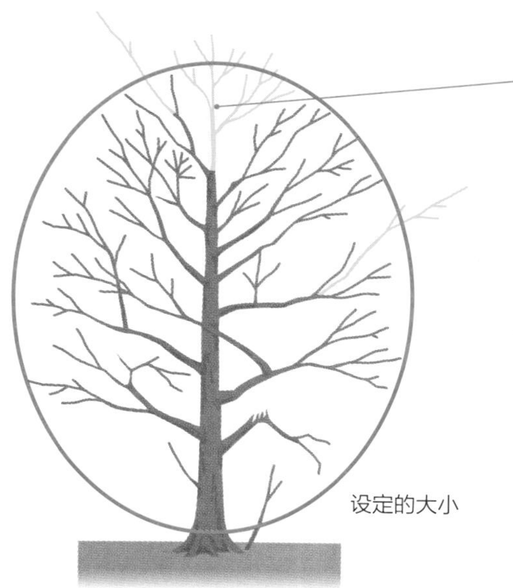

想让整株树变小时，首先预想果树的大小，将修剪的长度控制在 50 厘米以内。

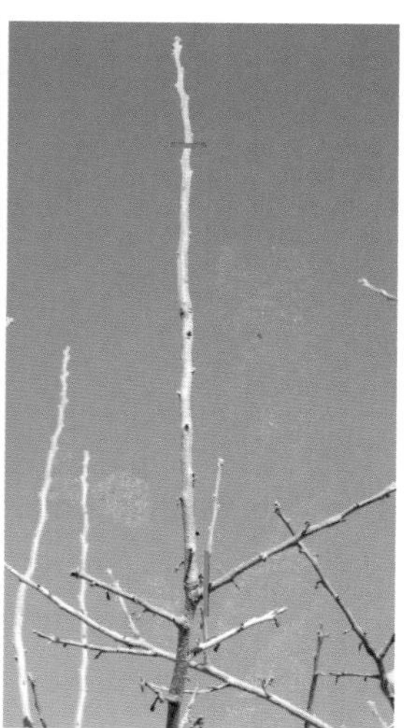

粗枝条的剪切方法

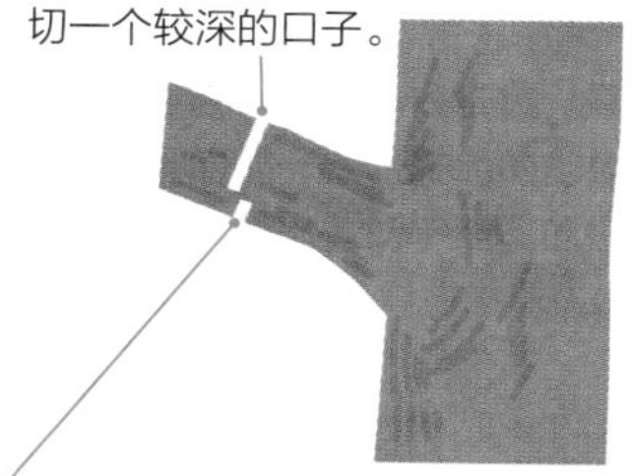

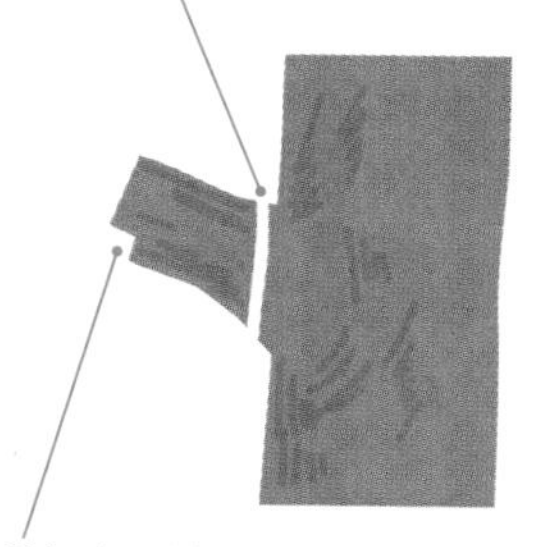

粗枝条的剪切位置

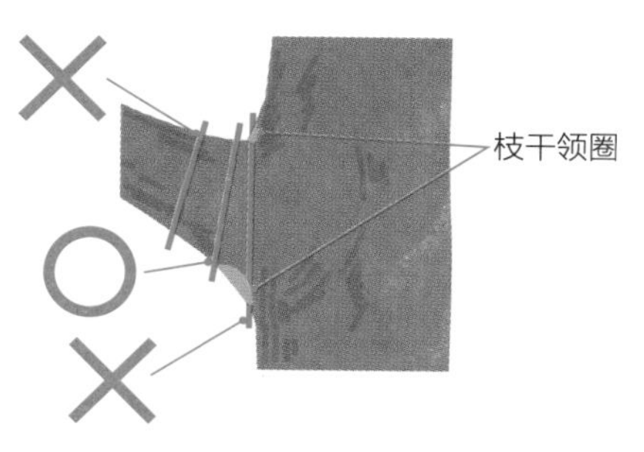

枝干基部稍微隆起的部分叫作枝干领圈，在剪切的时候，保留这个枝干领圈。剪切处就能够较好地闭合。

枝条的修剪 ② 剪去不要的枝条

将密集生长、直立生长的，使日照和通风条件恶化的枝条归为不要的枝条。需要将这些枝条从其分叉处的基部剪去。

落叶果树枝叶繁茂，剪枝时整体需要多剪去一些。落叶果树的剪枝量为整体的 30%~70%。常绿果树比落叶果树的枝叶少，剪枝量为整体的 10%~30%。不管是落叶果树还是常绿果树，都要保证枝条与枝条之间有枝叶延伸的空间。

另外，用新枝更替旧枝也是在这个时候进行。

不要的枝条

直立枝
直直生长的枝条。与徒长枝一样难以结果。

交叉枝
和枝干或其他枝条交叉生长的枝条。和交错的枝条一样，会使果实受伤。

逆向枝
朝下或朝内侧生长的枝条。一段时间后会使得枝条混杂。

干生枝
从主干长出的枝条。一般都要剪去，有需要就留下。

平行枝
长度和粗度几乎相同的枝条，平行生长。剪去其中一根。

徒长枝
长势过好、过长的枝条。这种枝条难结果。

枯枝
干枯的或折断的枝条。出现变色多半已经枯萎了。

从根部长出的萌蘖
从根部附近冒出的枝条。有需要则留下。

剪枝量

常绿果树剪枝量为整体的10%~30%，落叶果树剪枝量为整体的30%~70%。

枝条的更新

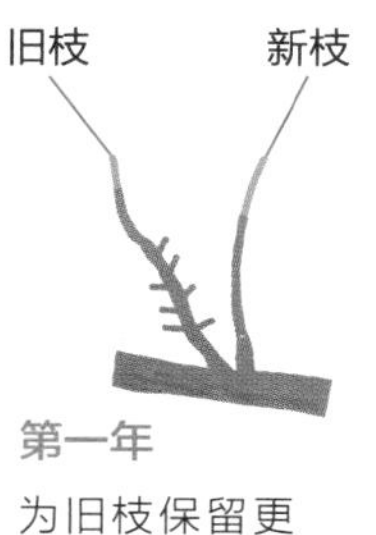

第一年
为旧枝保留更新用的新枝。

第二年
新枝生长，旧枝基部不再长枝条了。

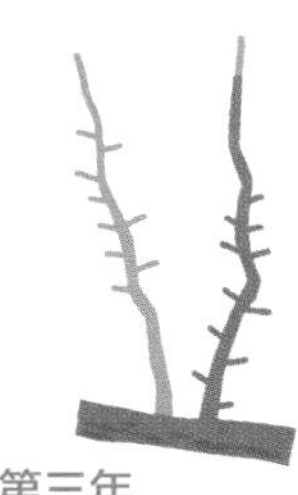

第三年
将旧枝从基部剪去，更新为新枝。

枝条的修剪 ③ 将枝条顶端剪去

将不要的枝条剪掉后，要将保留下来的枝条的顶端剪去。通过剪去枝条顶端，能够让果树长出新枝条，方便第二年结果。像葡萄和猕猴桃等果树，将其一半以上的枝条的顶端剪去的目的则是为了让其少长新枝，从而使原有的枝条长得更好。对于大部分果树来说，通过将其枝条剪短 1/4~1/3，能避免枝条过长延伸的情况，使其基部能够长出更多新枝。不过，对于花芽长在枝条顶端的果树，如果将其所有枝条都剪短则没办法收获果实，因此要保留几根枝条。

剪去较少的情况

将留下的枝条的顶端剪去 1/4~1/3，这样一来，枝条基部附近就能长出结果的枝条。

剪去较多的情况

猕猴桃或葡萄等果树剪去一半的长度，第二年，果树便能长出较长的粗枝。

顶端芽的朝向

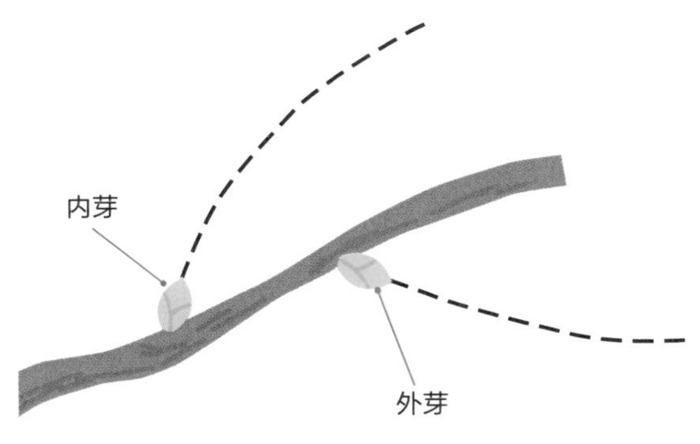

剪去枝条顶端时，可以通过芽的朝向来控制枝条的延伸方向。朝上的芽容易向上延伸，成为不需要的枝条，因此尽量选择芽的朝向为朝下的或横向的。

在芽的上方保留一点枝条

枝条的剪切位置在芽的上方约 5 毫米的位置。过短或过长都可能导致芽枯死而长不出新枝。

不同长度下枝条的生长

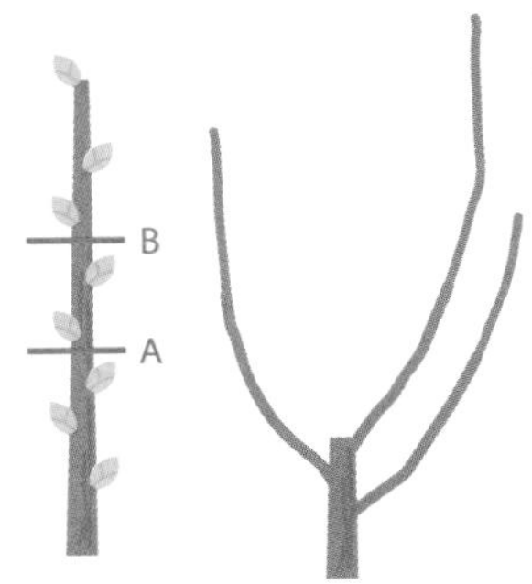

A：剪去较多的情况

这样能够长出较长的粗枝。因为剪去枝条的同时，也剪去较多的花芽，所以大多数情况下第二年的产量会减少。对于葡萄等容易结果的果树来说较适合。

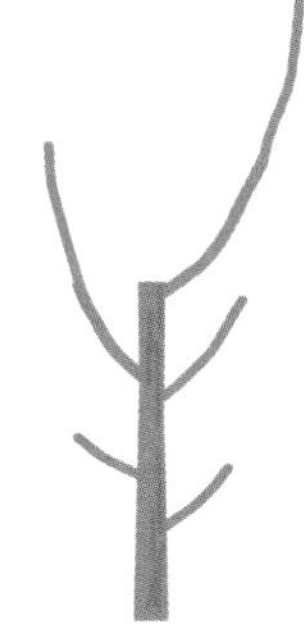

B：剪去较少的情况

这种情况下，在从顶端开始到往下1/4~1/3的位置会长出略长的枝条，而在靠近基部的位置则会长出较短的枝条。这种长度适合大多数果树。

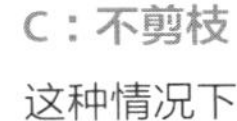

C：不剪枝

这种情况下，只有靠近顶端的枝条才会延伸，花芽数量虽然不会减少，但是果树只能长出较脆弱的枝条，最后结果情况也将不理想。

枝条延伸的长度

枝条延伸部分会有 1 个节，一眼便能看出来。当年长了多少，来年还长多少。在剪短的时候可以参照枝条延伸的长度。

枝条的修剪 结果位置

不同的果树，其结果的花芽也是不同的。花芽分为生长出来的枝条上只有花的“纯正花芽”和生长出来的枝条上既有花又有叶的“混合花芽”。另外，生长出来的枝条上只长叶子的芽称为“叶芽”。如果因为修剪而导致花芽掉落，果树就不会开花，也就不能够收获果实了。我们需要知道我们栽培的果树是在哪里长花芽，以便修剪时可以利用起来。

如果花芽较大、叶芽较小，那么我们能够马上分辨，但并不是所有的果树都是如此。不过，各类果树的花芽生长位置都是固定的，需要通过观察确认其生长的位置。

纯正花芽和混合花芽

纯正花芽

生长出来的枝条顶端只长花和结果的芽，枝叶从叶芽里长出来。

混合花芽

生长出来的枝条既长叶子，也长花和结果。

结果之前的状态变化（青梅）

花苞的状态。随着气温上升，花苞会越来越大。

开花。开花，同时通过昆虫授粉。

结果。已授粉的花会结果。

长花芽的位置 纯正花芽

花芽长在枝条顶端

像蓝莓等果树，其花芽和叶芽是不同的，只要不剪掉长在顶端的花芽就能够收获果实。

◉ **能辨别出花芽的果树：蓝莓**

◉ **不能辨别花芽的果树：枇杷**

花芽遍布整根枝条

青梅和樱桃等的花芽是遍布枝条的，所以即使剪去枝条顶端，还是有花芽保留下来。不同花芽之间有区别。

◉ **能辨别出花芽的果树：青梅、樱桃、桃**

长花芽的位置 混合花芽

花芽长在枝条顶端

柿子树的花芽虽长在枝条的顶端，但由于花芽和叶芽难以区分，不要剪掉短枝。

◉ **不能辨别花芽的果树：柿子、柑橘类**

花芽遍布整根枝条

葡萄等果树虽然花芽和叶芽难以区分，但是由于花芽遍布在枝条上，所以可以剪短枝条。

◉ **能辨别花芽的果树：苹果**

◉ **不能辨别花芽的果树：黑莓、猕猴桃、葡萄**

日常的管理 施肥时间

果树成长离不开肥料，通过施肥来为果树补充开花和结果所需的养分。肥料当中含有氮、磷、钾，这三者称为“肥料三要素”。肥料上如果写着“8-8-8”，则表示肥料中氮、磷、钾的含量各占了 8%。

施肥分为春季果树开始成长时的施肥和生长阶段养分不足时的施肥。春季施肥可以使用慢效的猪油渣，生长阶段养分不足时施肥则可以使用快效的化肥。

肥料三要素

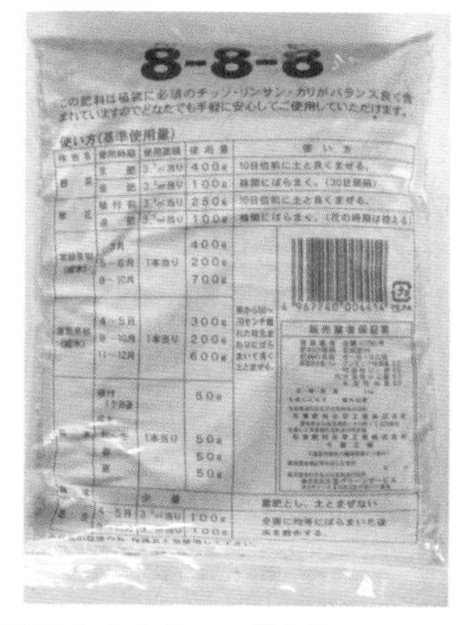

大多数肥料袋子上会有“8-8-8”的字样，表示肥料中氮、磷、钾的含量各占了 8%。

施肥的位置

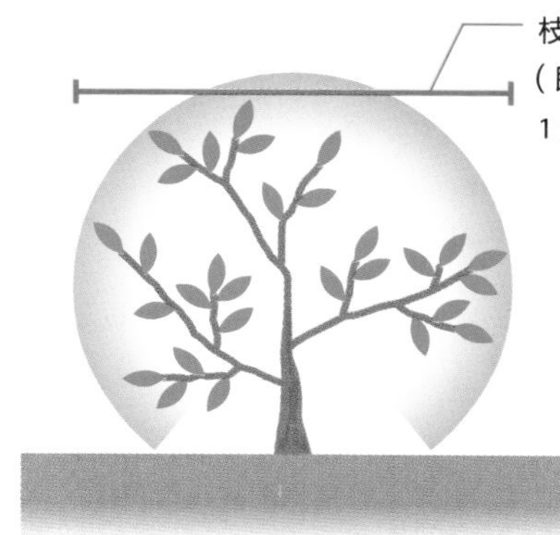

施肥应从冠幅外径开始，并朝向主干的位置。施肥时，要将肥料和土充分混合在一起。开花结果阶段应根据果树状态少量施肥。如果不够再少量多次地施肥。

肥料的类型

猪油渣

氮的占比较大，效果会慢慢显现，适合作为春季的肥料。可以和骨粉配合使用。

化肥

含有氮、磷、钾其中两种以上的肥料。主要用在生长阶段。

骨粉

用动物的骨头做成的肥料。在春季和猪油渣一起使用的效果显著。

腐殖土

几乎没有肥料成分，适用于土壤改良。

日常的管理 病虫害的防治

要想种出美味的果实，就必须采取防治病虫害的措施。目的是为了使果树健康，有能力对抗病虫害。为此，需要通过修剪改善果树通风，通过套袋等方法防治病虫害，即在适当的时期进行适当的管理。

但是，即便如此也会出现病虫害，这种时候，我们需要在病虫害出现初期时立即采取措施。通过切除得病的部位，使其远离栽培的场所来应对这些问题。另外，害虫的预防比较困难，一旦发现害虫要立即消灭。

主要病害

病害名称	发生时期	容易得病的果树	病害的特征	防治措施
赤星病	4~9月	苹果	叶子背面出现丛毛状物，周围变黑，叶子掉落	发生早期可以通过摘除叶子来防治，不要在果树周围栽培杜松类植物。喷洒杀菌剂
缩叶病	4~9月	青梅、桃等	叶子卷缩，出现斑点，变成红色	在发芽之前喷洒药剂
煤污病	5~10月	大多数果树	附着在叶子、果实表面的蚜虫等的粪便发霉而导致表面出现煤烟状黑色霉层	去除患病部位，灭害虫，通过修剪改善通风
灰星病	5~9月	樱桃、桃等	采收前在果实上出现斑点，渐渐地果实整体被灰色的孢子覆盖并腐烂	立即去除患病的果实。果实淋雨容易患病，应套袋

主要害虫

害虫名	发生时期	容易发生该虫害的果树	害虫的特征	防治措施
蚜虫类	5~9月	大多数果树	不同的果树上会有不同种类的虫子吸食枝叶中的汁液。会使果树患上煤污病	应注意开始发芽的枝叶，一旦发现蚜虫应立即捏死或喷洒药剂
蚧壳虫类	5~11月	大多数果树	吸食枝的汁液。其粪便可导致煤污病的发生	一旦发现蚧壳虫立即用牙刷等刮去。通过修剪改善日照和通风
天牛类	6~9月	大多数果树	成虫会在果树根部咬住树干产卵，幼虫在果树内部对果树进行破坏。大多数情况下果树会枯萎	一旦发现成虫应立即处理。根部附近如果发现有洞，应使用铁丝插入洞中，杀死幼虫
蛀果蛾类	4~10月	大多数果树	蛾的幼虫进入到枝条和果实中，蛀食果实	一旦发现蛀果蛾马上处理，并用袋子等将果实罩住

培育果树可以带来多种乐趣，比如让自己和家人能享受到美味的水果。本书选取11个具有代表性的果树品种，以易于理解的方式讲解这些果树的栽培与整形修剪专业技巧，如定植、整形修剪、人工授粉、疏花、疏果、采收等基础作业，并通过大量照片图和示意图展示，浅显易懂、实用性强，能让读者一目了然，很快地掌握其中的技巧，即使是第一次栽培果树的人，也可以成功地收获美味果实。

对于栽培果树的初学者，本书可以作为必备的指南书。

编辑执笔：新井大介
设　　计：松原卓
照片协助：TANAKA TSUTOMU、新井大介
录像协助：千叶大学环境健康领域科学中心、三轮正幸
插　　图：坂川由美香

图书在版编目（CIP）数据

图解果树栽培与整形修剪入门 / 日本靓丽社编著；王丹霞译. —北京：机械工业出版社，2022.4
ISBN 978-7-111-70145-3

Ⅰ.①图…　Ⅱ.①日…　②王…　Ⅲ.①果树园艺－图解 ②果树－修剪　Ⅳ.①S66-64　②S660.5

中国版本图书馆CIP数据核字（2022）第021284号

机械工业出版社（北京市百万庄大街22号　邮政编码100037）
策划编辑：高　伟　周晓伟　　责任编辑：高　伟　周晓伟
责任校对：李　伟　贾立萍　　责任印制：张　博
保定市中画美凯印刷有限公司印刷

2022年3月第1版・第1次印刷
182mm×257mm・6印张・143千字
标准书号：ISBN 978-7-111-70145-3
定价：45.00元

电话服务	网络服务
客服电话：010-88361066	机　工　官　网：www.cmpbook.com
010-88379833	机　工　官　博：weibo.com/cmp1952
010-68326294	金　　书　　网：www.golden-book.com
封底无防伪标均为盗版	机工教育服务网：www.cmpedu.com